药学类应用型人才培养丛书

制药生产实习指导
——化学制药

何志成 ◎ 主 编　　赵宇明 ◎ 副主编

赵 翔 ◎ 主 审

U0332799

化学工业出版社

·北京·

《制药生产实习指导——化学制药》共分为七章，主要内容包括：制药生产实习概论；药厂概况；实验室与药厂常用仪器设备的比对；实验室与药厂同品种工艺及实现过程的比对；药厂常见设备；制药用水和纯蒸汽的制备；废气处理设备。全书针对制药工程、药物化学、应用化学专业专业教学体系中，为衔接基础课与专业课的理论知识而特设的药厂实习环节，利用化学制药典型品种从实验室工艺研究到药厂实际生产的过程比对，通过实验室仪器与药厂生产设备的特性对比，使学生更加直观地认识了解药物产品从研发到生产的整个过程，并借此强化工程概念，以期达到为制药工业培养从品种开发、工艺设计、中试放大到药品制造等全方位专业人才的最终目的。

《制药生产实习指导——化学制药》可作为制药工程、药物化学、应用化学专业本科生的生产实习指导书，也可作为药学相关专业技术人员入职初期的参考书。

图书在版编目(CIP)数据

制药生产实习指导. 化学制药/何志成主编. —北京：
化学工业出版社，2018.3
（药学类应用型人才培养丛书）
ISBN 978-7-122-31523-6

Ⅰ.①制…　Ⅱ.①何…　Ⅲ.①制药工业-生产工艺-
教育实习-高等学校-教学参考资料　Ⅳ.①TQ460.6-45

中国版本图书馆 CIP 数据核字（2018）第 029587 号

责任编辑：褚红喜　宋林青　　　　　　　　　　装帧设计：关　飞
责任校对：吴　静

出版发行：化学工业出版社（北京市东城区青年湖南街 13 号　邮政编码 100011）
印　　装：三河市延风印装有限公司
787mm×1092mm　1/16　印张 7¼　字数 157 千字　　2018 年 5 月北京第 1 版第 1 次印刷

购书咨询：010-64518888（传真：010-64519686）　售后服务：010-64518899
网　　址：http://www.cip.com.cn

前言

在高等院校药学类专业的教学内容中，制药生产实习是一个重要的环节，好比一个连接管道的"变径管箍"，一头连着学校的课堂、实验室，另一头连着制药企业。通过这一环节，同学们可把基础课学习阶段从课堂、实验室学到的知识与药品生产实际关联起来。返校"回炉重炼"时，对后继专业基础及专业课学习阶段所学知识（如药物合成反应、药物化学、化工原理、化学制药工艺学、制药设备和车间设计以及药品生产管理规范等）的理解会更加深刻。对日后选择从业于药厂技术管理工作的学生，更可缩短其进入角色的思维磨合期。

为解决目前"实习过程的学习，单靠指导教师和药厂技术人员口授"的现状，使参与实习的师生能够拥有一本可随身携带、实时提供现场指导的手册，我们编写了这套"药学类应用型人才培养丛书"，包括《制药生产实习指导——化学制药》《制药生产实习指导——药物制剂》《制药生产实习指导——中药制药》三个分册，而"化学制药"分册即为其中之一。

全书共分七章，包括"制药生产实习概论""药厂概况""实验室与药厂常用仪器设备的比对""实验室与药厂同品种工艺及实现过程的比对""药厂常见设备""制药用水和纯蒸汽的制备""废气处理设备"。针对制药工程、药物化学、应用化学专业教学体系中，为衔接基础课与专业课的理论知识而特设的药厂实习环节，使学生在下厂前预先学习相关知识，诸如了解企业概况、车间构成以及实验研究与生产过程的关系等，帮助同学下到工厂后尽快进入角色，提高学习效率，达到实习目的。

在本书的编写过程中，编写团队利用化学制药典型品种从实验室工艺研究到药厂实际生产的过程比对、利用实验室仪器与药厂生产设备的特性比对，为学生了解药物产品从研发到生产的整个过程，提供更加直观的认识角度。引导学生建立起将书本知识、实验教学理论与药厂生产实际相联系的意识，帮助学生形成将实验室研究方法与工业生产方法相结合的思维视角；借助实习过程，强化工程概念，增强学生从工程的观点出发提出、分析并解决问题的能力；帮助同学树立药品质量和过程效率双向定位的专业理念，为其毕业后顺利融入制药行业，做好相关的知识储备。

本书涉及工艺部分的内容由史济月编写，设计工程及设备的内容由赵宇明、何志成编写，全书由沈阳药科大学赵翔主审。受知识结构、经验阅历所限，书中疏漏与不当之处在所难免，期待各位同仁不吝指正，以利后期不断完善。

编者

2018 年 3 月

目录

第三章　实验室与药厂常用仪器设备的比对 / 14

第四章　实验室与药厂同品种工艺及实现过程的比对 / 36

第五章 药厂常见设备 / 57

第六章　制药用水和纯蒸汽的制备 / 85

第七章　废气处理设备 / 99

参考文献 / 106

制药生产实习概论

第一节 绪 论

一、制药生产实习的意义

制药生产实习与后来的专业课学习及制药专业领域工作，都会有直接的联系，是学生在校期间将专业课理论与药厂生产实际相结合的重要环节，也是实现制药工程专业人才培养目标的主要途径之一。制药生产实习是校内理论教学的延续，可借此增强学生的协作和执行能力。制药生产实习的成功与否，不仅会关系到学校的专业课教学质量，也会间接地影响学生在专业领域的求职前景。

二、制药生产实习的目的与要求

1. 制药生产实习的目的

制药生产实习是普通高校药学类相关专业教学计划中一个极其重要的实践性教学环节，是制药工艺、制药工程设备、车间设计等课程课堂教学内容的延伸和扩展。学生必须参加，采用统一实习的形式，厂校双重考核组织实施生产实习。通过实习使学生了解工业化生产的具体运作，增加学生感性认识，把书本上学过的理论知识与工厂实践有机结合起来，巩固和丰富有关制药工程专业理论知识，综合培养和训练学生的公关能力，观察分析和解决生产中实际问题的独立工作能力，是药学人才工程素质与设计能力培养的重要环节。

2. 制药生产实习的要求

（1）熟悉典型制药产品投入产出的过程工艺、设备及重要工艺参数。

（2）收集积累必要的生产数据，为毕业设计做准备工作。

（3）认真完成生产实习报告的写作与讨论，运用新学知识总结工厂的先进生产技术与对策，发现、分析、研究或解决生产中存在的问题。

（4）熟悉企业生产、经营、质量管理网络，对现代企业管理制度有较全面的了解和认识。

（5）守纪律，讲文明，尊重药厂领导和工作师傅，服从实习老师安排，不离岗、不串岗、不迟到、不早退，严格遵守厂纪厂规。

（6）实习过程中，保持高度的安全与防患意识。

第二节　制药生产实习的内容及安全

一、生产实习内容

（1）专业理论知识与药厂实际相结合，运用已学的基本理论知识认识和解决实际问题。

（2）熟悉和掌握实习药厂的现行生产产品的工艺原理、工艺指标及技术要求。

（3）根据车间实际情况，绘制制药生产车间生产工艺流程图、设备布置图及主要设备结构图。

（4）了解实习药厂公用工程系统及管道布置特点。

（5）了解实习药厂的生产管理、"三废"治理情况。

（6）分析实习药厂生产产品工艺指标及生产运行状况，提出建设性的意见及整改方案。

（7）实习期间要做好日常记录，实习完毕写出实习调查报告。

（8）实习收获考核，记录成绩。

二、生产实习调查报告内容

生产实习调查报告包括以下内容。

（1）实习药厂生产产品的工艺流程及相关理论。

（2）各车间工段工艺流程及设备布置。

（3）药厂主要设备原理及技术指标。

（4）全厂物料流程图、带控制点的工艺流程草图。

（5）实习总结与评述。

三、生产实习考核

生产实习考核步骤及标准如下。

（1）实习结束后，要求参加实习的学生按时提交制药生产实习报告。

（2）实习带队老师根据考勤和实习报告给出综合考核成绩。

（3）生产实习为学生专业必修课，成绩合格者可获得相应学分。凡无故缺勤和不交实习报告者，记为不合格，将随下一年级在下一学年度补实习。

四、生产实习的安全注意事项

由于制药企业在生产时，制药生产设备拥挤，工艺复杂，生产连续性强，且生产条件大多是高温、加压、低温、负压；制药生产中原料种类多，有的原料闪点低，易燃易爆，且原料大多是有害气体或粉尘，易引起中毒；接触到的酸碱易引起灼伤；生产中还易引起机械伤害、触电等事故，这些性质客观决定了生产中存在着许多潜在的不安全因素，因此安全生产成为了各项工作的重中之重。

制药生产实习的安全注意事项有以下几个方面。

（1）实习学生由带队老师和实习领导负责，学生必须服从实习带队老师和领导的安排。

（2）实习中必须严格遵守工厂的各项纪律，维护社会公德，讲文明、有礼貌、守纪律，不得嬉戏打闹。严格遵守参观规程，杜绝事故和差错，注意个人人身安全，爱护公物。

（3）生产安全。实习过程中，不得影响操作人员的正常生产操作，如有实际参与操作机会，要严格按照机台设备操作程序作业。严格遵照要求使用安全防护用品；严禁酒后和过度疲劳状态下接近机台设备，以免发生意外。

（4）用电安全。遵守电气操作规程及公司规章制度；电线掉落地面时，不得用手拾起、移动，也不要靠近落地电线附近；不得随意触动电气保护装置、开关；提高用电安全意识，对线路异常发热、异常响动、电火花等应及时闪避，并立刻报告相关人员。

（5）触电急救及电气火灾扑灭方法。发生触电时，应先切断电源，切勿在未切断电源的情况下用手救人及靠近触电者；对昏迷休克人员，应放在通风平整的地方，清除口中异物，进行人工呼吸（口对口法、胸部挤压法），并及时送往医院治疗；发生电气火灾时，及时切断电源，再行灭火，若用水对未切断电源的火场灭火时，灭火人员应穿好劳保绝缘的防护用品，以防地面积水导电引起事故。

（6）人身安全。实习时要遵守药厂安全规则，照章作业，避免事故的发生；尽量不要单独行动，在厂区和车间内行走；要注意周围环境，选择宽敞明亮的地方，不要到阴暗的地方去，防止意外事件发生。遇急事可先向老师汇报，经批准后再去处理。

药厂概况

做为制药生产企业,从厂址的选取到厂区的布置、从车间的布置到内部设备的安置等都其特定的要求。实习之前,应先对药厂的概况有一个整体的认识,这对更好地完成实习任务来说,十分有益。

第一节　药厂的厂区布局

药厂的厂区布局要遵循《生产质量管理规范》(Good Manufacturing Practices, GMP)的要求,严格按照国家的有关规定、规范执行。厂区内通常设有生产、辅助、行政及生活四个区域,且相互独立;厂区内的道路分人流通道及物流通道,且互不妨碍。

生产区主要指生产车间,辅助区主要指动力车间及仓库等,行政区主要指机关楼及研究所等,生活区主要指食堂及澡堂等。

一、厂址选择

制药厂选址时,一般须遵循以下原则。

① 有洁净厂房的药厂,厂址宜选在大气含尘、含菌浓度低,无有害气体,周围环境较洁净或绿化较好的地区。

② 有洁净厂房的药厂,厂址应远离码头、铁路、机场、交通要道以及散发大量粉尘和有害气体的工厂、贮仓、堆场等严重空气污染、水质污染、振动或噪声干扰的区域。如不能远离严重空气污染区时,则应位于其最大频率风向的上风侧,或全年最小频率风向的下风侧。

③ 交通便利、通讯方便。制药厂的运输较频繁,为了减少运输费用,制药厂尽量靠近主要原料源地和大用户。

④ 充足和良好的水源、足够的电能,且需两路进电,以免因断电而造成停产损失。

⑤ 应有长远发展的余地。

⑥ 要节约用地,珍惜土地。

⑦ 选择厂址时，还应考虑防洪，厂区用地必须高于当地最高洪水位 0.5m 以上。

二、厂房形式

厂房需要根据生产规模考虑层数。现代化药厂以单层、无窗并带有参观走廊的厂房较为理想。

厂房的平面轮廓有长方形、正方形、L 型、T 型、E 型、Ⅱ型等，以长方形最常见。长方形适用于小型厂房，其主要优点是便于建筑厂房的定型化和施工方便，在设备布置上有较大弹性，有利于自然采光和通风。L 型、T 型适合比较复杂的车间，也比较常用，其主要优点是外部管道可由二或三个方向进出车间。正方形除具备矩形厂房特点外，可节约围护结构周长约 25%，通用性强，有利于抗震，应用也较多。

常见药厂厂房的剖面形式见图 2-1。

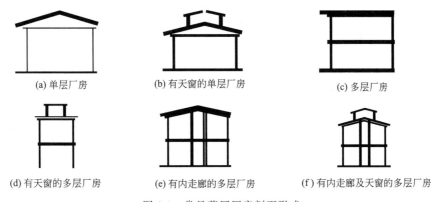

 (a) 单层厂房   (b) 有天窗的单层厂房   (c) 多层厂房

 (d) 有天窗的多层厂房 (e) 有内走廊的多层厂房 (f) 有内走廊及天窗的多层厂房

图 2-1　常见药厂厂房剖面形式

三、厂区划分

厂区总体规划一般由以下几部分组成：
① 主要生产车间（原料、制剂等）；
② 辅助生产车间（机修、仪表）；
③ 仓库（原料、成品库）；
④ 动力（锅炉房、空压站、变电所、配电间、冷冻站）；
⑤ 公用工程（水塔、冷却塔、泵房、消防设施等）；
⑥ 环保设施（污水处理、绿化）；
⑦ 管理设施和生活设施（办公楼、中央化验室、研究所、计量站、食堂、医务所）；
⑧ 运输道路（车库、道路等）。

厂区建筑面积的占比，一般生产车间占 30%，库房占 30%，辅助车间占 15%，管理及服务部门占 15%，其他占 10%。

图 2-2 是比较合理的厂区布局案例。图 2-3 是药厂平面布局示例，图 2-4 为药厂实际布局图。

图 2-2 一般厂区布局形式

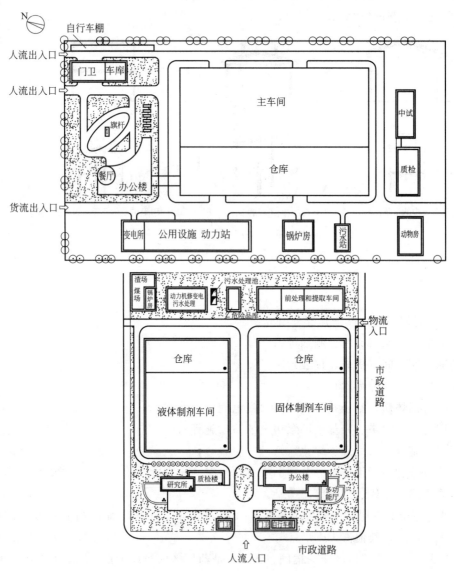

图 2-3 药厂平面布局示例

图 2-4　药厂实际布局图

第二节　车间布局

一、车间布局原则

药厂车间布局遵循"人流物流协调；工艺流程协调；洁净级别协调"的"三协调"原则。流通路径要做到"顺流不逆"、人流物流分开，不交叉和不折回，路径越短越好。

"同心圆原则"指城市土地利用的功能分区，环绕市中心呈同心圆带向外扩展的结构模式，为城市地域结构的基本理论之一，也是车间布局遵循的原则，即洁净级别高的房间在车间的中央区域，操作间洁净级别按照由高到低、从里向外呈圆形扩散。

对于无菌产品而言，理想的布局应使投入生产的原材料、辅助材料由区域的一端进入，而使产出的成品由区域另一端输出。生产操作人员则可以由产品生产流程路径的一侧进入，并由另一侧退出。可以考虑采用 L 形或 U 形生产线布局。

二、车间布局的注意事项

① 各功能区域设置应密切关注工艺和洁净要求，面积适宜且布局合理。

② 中间控制区洁净级别与车间的洁净级别一致，防止其对洁净区造成污染。

③ 仓库面积和空间必须与"产"、"销"配套。即能保证原辅包材、中间产品、待包装产品和成品；待验、合格、不合格、退货或召回各类物料和产品有序地存放。

④ 特殊物料（高活性的物料/产品）及印刷包装材料应当贮存于"安全的区域"。

⑤ 对物料和成品的"接收、发放和发运区域"要配置有相应辅助设施。

⑥ 不合格、退货或召回的物料或产品要有物理隔离设施。

⑦ 物料取样宜单独设区，其洁净度级别与生产要求一致。有些情况下，也可在其他区域（如车间）或采用其他方式（如取样车）取样。特别注意无菌药品取样室应有相应的人净、物净设施。

⑧ 实验室的设计应当确保其适用于预定的用途，有足够的区域用于样品处置、留样

和稳定性考察样品的存放以及记录的保存。

⑨ B 级洁净区的设计应当能够使管理或监控人员从外部观察到内部的操作。

三、防止交叉污染

防止交叉污染是车间布局的重要目标，一般要注意下述事项。

① 能够有效防止昆虫或其他动物进入。如配置灭蚊灯、纱窗、纱门、挡鼠板等。

② 考虑"人流"的合理性，对厂房人流要有控制的措施，必要时要有门禁。

③ 生产区和贮存区的空间和面积大小，应以确保设备、物料、中间产品、待包装产品和成品有序地定位、存放为度。

④ 同一区域内有数条包装线，应当有隔离措施，防止人员的穿越。

⑤ 设立妥善保存不合格的物料、中间产品、待包装产品和成品的隔离区。

⑥ 无菌药品生产的人员、设备和物料应通过气锁间进入洁净区。

⑦ 高污染风险的操作宜在隔离操作器中完成。

⑧ 无菌生产的 A/B 级洁净区内禁止设置水池和地漏。

⑨ 轧盖会产生大量微粒，应当设置单独的轧盖区域并设置适当的抽风装置。

图 2-5 为某车间平面布局图。图 2-6 是空调洁净系统示例。图 2-7、图 2-8 均为原料药车间实例。

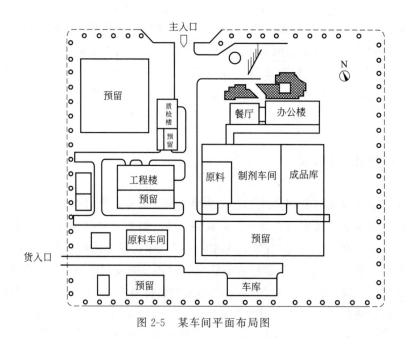

图 2-5　某车间平面布局图

四、洁净车间布置

洁净厂房内应设置人员净化、物料净化室和设施，并根据需要设置生活和其他用室。

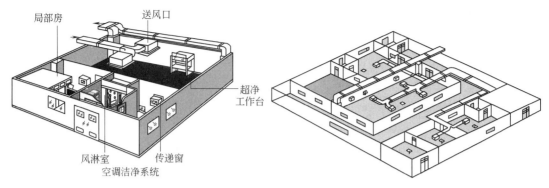

图 2-6 空调洁净系统

图 2-7 原料药车间

图 2-8 现代化的化学原料药生产车间

人员净化室，应包括雨具存放、换鞋、管理、存放外衣、更换洁净工作服等房间。生活用室有厕所、盥洗室、淋浴室、休息室等，以及空气吹淋室、气闸室、工作服洗涤间和干燥间等。

（1）洁净室人员的一般净化程序

洁净室人员的一般净化程序如下所示：

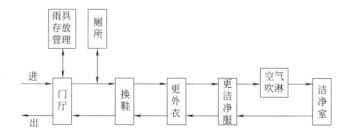

（2）非无菌产品、可灭菌产品生产区人员流向及净化程序

非无菌产品、可灭菌产品生产区人员流向及净化程序如下所示：

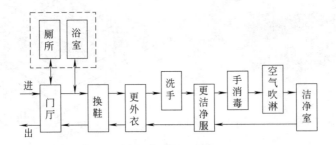

（3）不可灭菌产品生产区人员流向及净化程序

不可灭菌产品生产区人员流向及净化程序如下所示：

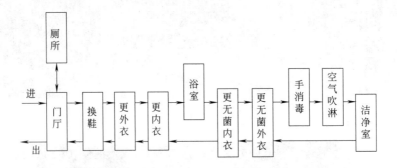

图 2-9 是更衣室实例。图 2-10 是空气吹淋室示例。

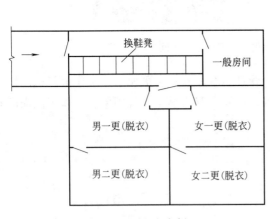

图 2-9　更衣室实例

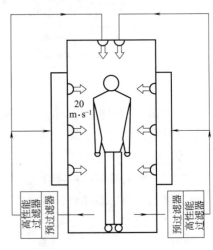

图 2-10　空气吹淋室示例

（4）非无菌药物生产物料净化程序

非无菌药物生产物料净化程序如下所示：

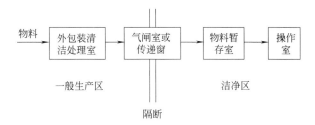

物料 → 外包装清洁处理室 → 气闸室或传递窗 → 物料暂存室 → 操作室

一般生产区　　　　　　　洁净区

隔断

（5）不可灭菌药物生产物料净化程序

不可灭菌药物生产物料净化程序如下所示：

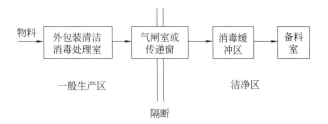

物料 → 外包装清洁消毒处理室 → 气闸室或传递窗 → 消毒缓冲区 → 备料室

一般生产区　　　　　　　洁净区

隔断

图 2-11 为无尘净化车间。

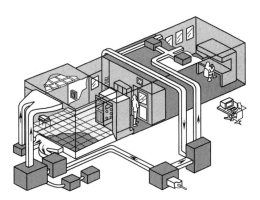

图 2-11　无尘净化车间

第三节　安全防护

原料药生产过程用到的原辅材料众多，原料、中间体、溶剂多是易燃、易爆、有毒有害的物质，是一个高污染过程。特别是制剂生产中的药物活性粉尘污染、噪声污染较严重。

一、防护源及成因

制药车间最常见的呼吸危害是普通原料粉尘、药物性粉尘、有害气体、有毒蒸汽。而在制药过程中接触粉尘的工序有反应釜装料、中途取样、粉碎、筛分等；制药过程中接触毒气/有毒蒸汽的工序有反应釜装料、取样、从过滤器或离心分离机中卸载物料、往干燥器中装料、分装物料等。在对有限空间如槽罐、反应釜进行清洁时，还有可能面对缺氧环境。

此外，还可能面临某些生物学意义上的危害，比如从动物脏器中提取生化药可能会接触到病菌；酶粉尘沾到皮肤上，会造成皮肤损害；口服胰岛素可引起血糖降低等。

在药品生产过程中，作业人员接触有毒化学物质的原因主要是：设备和管道密闭不严、锈蚀渗漏；上道工序来料、检验分析取样、出料、废弃物料排出、清理离心甩干机以及设备检修时设备及管道中残存的有毒化学物质，尤其是在离心过滤敞口甩干高温物料或边甩干边人工投加液态化学品以及敞口接收时，均有大量的有害气体或蒸汽逸出，同时会有液态化学品飞溅的可能。

某些制药设备运行时会产生巨大的机器噪声，比如一些电动机、水泵、离心机、粉碎机、制冷机、通风机、锅炉等，有的噪声甚至超过100dB；噪声危害严重的区域通常是药片切割室、包装室等。制药生产时也会接触很多眼部危害，最常见的眼部危害有粉尘、化学液体、微生物、高温、冲击物等。

二、防护用具

1. 防护服

在制药车间中，操作人员通常都需要穿着连体式防护服，如图2-12、图2-13所示。这一方面是由于制药车间对洁净度有一定要求，防止人员污染药品；另一方面也要对操作人员皮肤进行防护，以防止药物活性粉尘粘附或液态化学品物料飞溅到皮肤上，通过皮肤或皮肤上的创口被吸收，对操作人员产生危害。

图 2-12　连体防护服

图 2-13　一次性鞋套

2. 呼吸防护用具

制药过程本身如果没有较高的洁净度要求，且生产中存在粉尘或有毒蒸汽暴露，则必须考虑选用防尘口罩、防毒面具或某些正压式呼吸防护系统，如图 2-14 所示。在得知污染物种类及浓度后，可根据 GB/T 18664—2002 来选择适合的呼吸器，将污染物浓度与职业卫生标准作比较，选择指定防护因数大于危害因数的呼吸器。

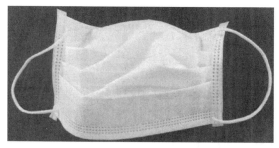
(a) 口罩

(b) 一次性头罩和口罩

图 2-14　呼吸防护用具

3. 听力防护用品

护耳器种类很多，如图 2-15 所示。要结合作业条件和噪声暴露水平选择护耳器。选择护耳器时应注意以下几点：舒适性，容易佩戴，满足噪声衰减需要，型号因人而异，容易购买，耐用。

(a) 发泡式耳塞

(b) 发泡带线式耳塞

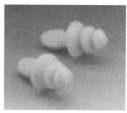
(c) 可重复使用耳塞

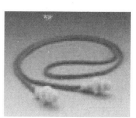
(d) 带线式可重复使用耳塞

图 2-15　听力防护用品

4. 眼面部防护用品

推荐使用无通风口的防护眼罩、全面具，如图 2-16 所示。正压呼吸器头罩或头盔通常也可同时起到眼面部防护作用。对于存在化学液体飞溅的眼部防护，推荐使用防液体飞溅的防护眼罩、全面具或正压呼吸器头罩和头盔。对于存在化学蒸汽的眼部防护，推荐使用无通风口的防护眼罩、全面具、正压呼吸器头罩和头盔。

图 2-16　防护眼罩

总之，进入药厂实习期间，必须严格遵守企业安全制度，根据具体情况为学生配备正确的、适合的、有效的个人防护用品，为学生赢得一份安全。

第三章

实验室与药厂常用仪器
设备的比对

　　实验室常用仪器与药厂实际生产设备存在一定差别。由于对实验室空间条件、反应物料量等的要求不是很高，实验室所追求的是反应的实现，而药厂则是以生产出一定数量合格的产品为目的，所以，在应用实践中，仪器设备的选择就存在了很大的不同。本章就以几种典型的设备为例，对比了解实验室与药厂设备的异同之处。

第一节　　反应设备

一、搅拌器

1. 实验室设备

（1）电动搅拌器

该仪器为液体混合搅拌的实验设备，特别适用于黏度大、易沉降的液体。如图 3-1所示。

（2）集热式磁力搅拌器

该仪器为集加热与搅拌为一体的实验设备，适用于黏度较小的液体。如图 3-2 所示。

2. 药厂对应设备

（1）轴向流搅拌器

叶片与转轴夹角小于 90°，搅拌器在运转时，流体既产生轴向流动和径向流动，又产生周向流动。见图 3-3、图 3-4。

（2）径向流搅拌器

叶片与转轴夹角为 0°，搅拌器在运转时，流体仅产生径向流动和周向流动。见图 3-5。

图 3-1　电动搅拌器

图 3-2　集热式磁力搅拌器

图 3-3　螺旋桨式搅拌器

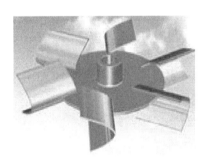

图 3-4　弧叶涡轮搅拌器

图 3-5　锚式搅拌器

二、反应罐

1.实验室设备

（1）单颈圆底烧瓶

单颈圆底烧瓶为反应容器，可以加热或冷却。见图 3-6。

（2）三颈圆底烧瓶

三颈圆底烧瓶为反应容器，可以加热或冷却。见图 3-7。

在做实验时，上述两种烧瓶均须加装电动或磁力搅拌器。

图 3-6　单颈圆底烧瓶　　　　　　　　　图 3-7　三颈圆底烧瓶

2. 药厂对应设备

（1）反应罐

反应罐是以创造反应条件（即反应物料间的传质、设备和物料间的传热）为前提，完成加热、冷却、混合、结晶、萃取等操作的生产装置。广泛应用于石油、化工、橡胶、农药、染料、医药、食品等行业，用来完成硫化、硝化、氢化、烃化、聚合、缩合等工艺过程。反应罐的外观、结构示意图见图 3-8。

反应罐由罐体、罐盖、搅拌器、轴封装置、加热或冷却装置等组成，其中搅拌器可为浆式、锚式、框式、螺旋式等多种形式搅拌器，可以创造反应所需的压力、温度、进出料控制等条件，完成搅拌、混配、调和、均质等多种操作。操作过程中可实现手动、自动控制等。

（2）搅拌罐

搅拌罐结构形式与反应罐相近，功能以混合物料为主，如图 3-9 所示。图 3-10 是磁力搅拌罐及其结构示意图。

三、各式真空泵

1. 实验室设备

（1）循环水式真空泵

循环水式真空泵是一种粗真空泵，它所能获得的极限真空为 0.098MPa，排气量较小。见图 3-11。

（2）旋片式真空泵

旋片式真空泵系单或双级油封机械真空泵，它是用于密封容器抽除气体获得真空的基本设备。见图 3-12。

2. 药厂对应设备

药厂生产中有各式真空泵，如水环真空泵、旋片式真空泵等。

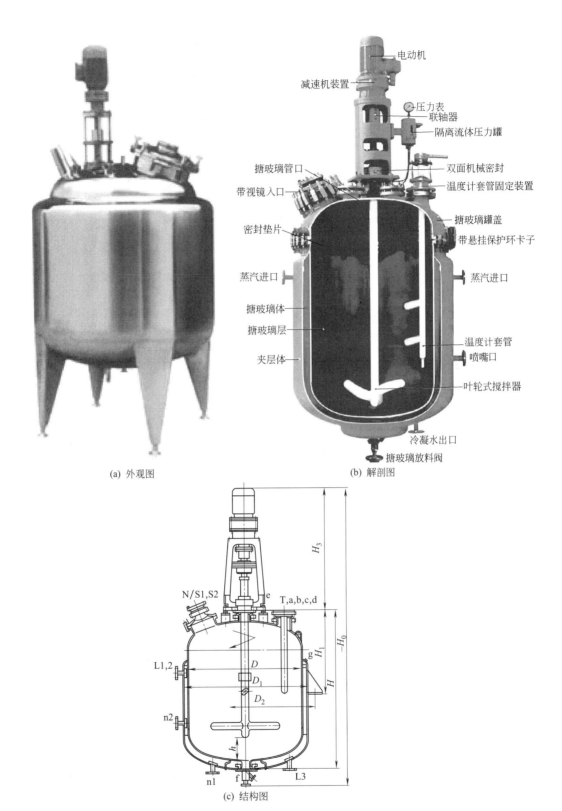

電動機

減速機裝置

壓力表

聯軸器

隔離流體壓力罐

搪玻璃管口

帶視鏡入口

雙面機械密封

溫度計套管固定裝置

密封墊片

搪玻璃罐蓋

帶懸掛保護環卡子

蒸汽進口

蒸汽進口

搪玻璃體

搪玻璃層

溫度計套管

夾層體

噴嘴口

葉輪式攪拌器

冷凝水出口

搪玻璃放料閥

(a) 外觀圖

(b) 解剖圖

(c) 結構圖

圖 3-8　反應罐外觀圖、解剖圖、結構圖

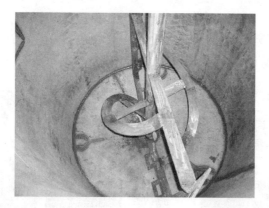

图 3-9　搅拌罐内部图

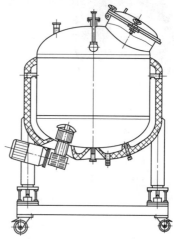

图 3-10　磁力搅拌罐

图 3-11　循环水式真空泵

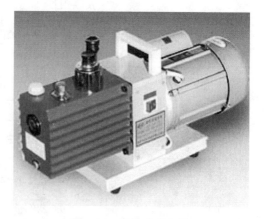

图 3-12　旋片式真空泵

（1）水环真空泵

水环真空泵可供抽吸空气或其他无腐蚀性、不溶于水、不含固体颗粒的气体。最低吸入压力为－0.086MPa，被广泛于机械、石油、化工、制药、食品等工业及其他领域。特别适合于做大型水泵引水用。如图 3-13 所示是水环真空泵及其结构示意图。

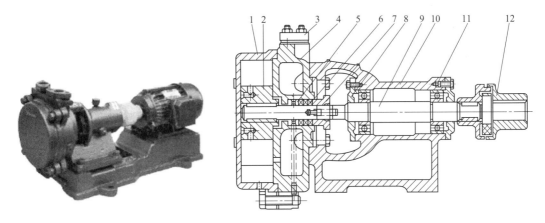

图 3-13　水环真空泵及其结构图

1—泵盖；2—叶轮；3—进出口；4—泵体；5—填料环；6—填料；7,9—压盖；

8—轴承；10—托架；11—滚动轴承；12—联轴器

（2）旋片式真空泵

旋片式真空泵可以用来直接获得真空度在 3～10 托（torr，0℃和标准压力下，1mmHg 的压力等于 133.32Pa）以下的真空作业，以及配合其他真空作业之用。图 3-14 为旋片式真空泵外观及其结构示意图。

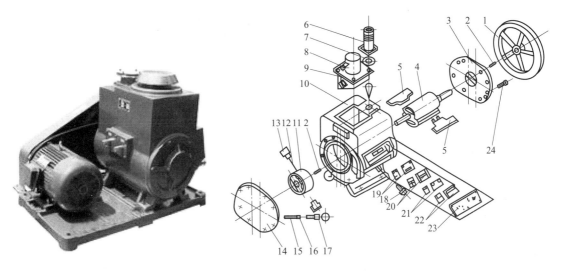

图 3-14　旋片式真空泵及其结构图

1—皮带轮；2—键；3—前端板；4—高转子；5—高转片；6—排气咀；7—密封圈；8—排气罩；9—过滤网；

10—泵体；11—低转子；12,15—弹簧；13—底转片；14—后端板；16—钢珠；17—手柄；18—放油塞；

19—纸垫；20—阀座；21—阀片；22—挡板；23—油盖；24—定位销钉

第二节　干燥冷冻设备

一、箱式干燥器

1. 实验室设备

（1）电热干燥箱

电热干燥箱常用于原料、产品和玻璃仪器的干燥。

（2）红外干燥箱

红外干燥箱可用于原料、产品和玻璃仪器的干燥。

（3）电热真空干燥箱

电热真空干燥箱适用于在空气中加热易分解的原料或产品的干燥。

这三种干燥箱的外观见图 3-15。

(a) 电热干燥箱　　　　　　　(b) 红外干燥箱　　　　　　(c) 电热真空干燥箱

图 3-15　电热干燥箱、红外干燥箱、电热真空干燥箱

2. 药厂对应设备

药厂常用箱式干燥器主要由箱体、盘架、空气加热管等部分组成。小型的箱式干燥器称为烘箱；大型的箱式干燥器称为烘房。空气由风机吸入箱内，加热后经挡板导向将热空气均匀送入各层，从物料上方掠过，与物料接触，使物料干燥，热空气冷却增湿变成废弃由排气口排出。箱式干燥器的外观及其结构示意图见图 3-16。

二、冷冻干燥机

1. 实验室设备

冷冻真空干燥箱：适用于在空气中或加热容易造成分解的原料或产品的干燥。见图 3-17。

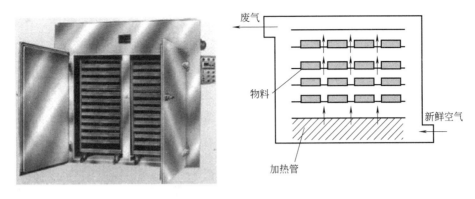

图 3-16　箱式干燥器及其原理图

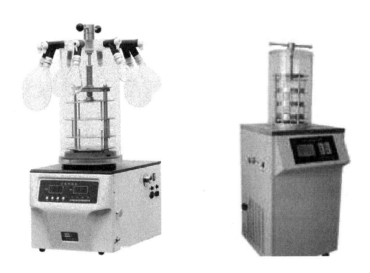

图 3-17　冷冻真空干燥箱

2. 药厂对应设备

冷冻干燥机：利用降温除湿的原理对压缩空气进行干燥处理。通过降低压缩空气中的气体温度至使用压力、温度以下，将空气中所含的水蒸气、油雾冷凝成液体，然后分离出来，由自动排水器排出机外，从而减少压缩空气中的含水量，以达到干燥、净化压缩空气的目的。图 3-18 是某冷冻干燥机及其系统流程图。

三、冷冻系统

1. 实验室设备

（1）雪花制冰机

雪花制冰机主要用于冰屑的制备。见图 3-19。

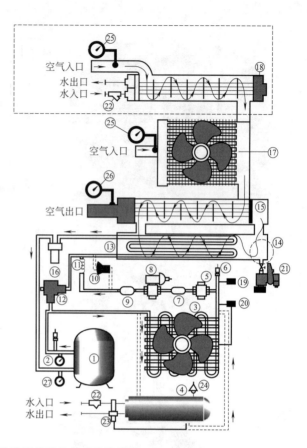

图 3-18　冷冻干燥机及其系统流程图

1—冷媒压缩机；2—冷媒高压表；3—气冷式冷凝器；4—水冷式冷凝器；5—修理阀；6—灌充阀；7—干燥过滤器；
8—电磁阀；9—冷媒视窗；10—膨胀阀；11—毛细管；12—热气旁通阀；13—蒸发器；14—气水分离器；
15—空气热交换器；16—气液分离器；17—气冷式前置冷却器；18—水冷式前置冷却器；19—高压跳脱保护开关；
20—压力控制开关；21—电子排水器；22—冷却水过滤器；23—水量调节阀；24—过高压安全释荷阀；
25—空气入口压力表；26—空气出口压力表；27—冷媒压力表

图 3-19　雪花制冰机

（2）低温冷却液循环泵

低温冷却液循环泵可提供低温液体、低温水浴。见图 3-20。

2. 药厂对应设备

冷冻系统：一般冷冻系统的制冷是压缩机把压力较低的蒸汽压缩成压力较高的蒸汽，使蒸汽的体积减小，压力升高。压缩机吸入从蒸发器出来的较低压力的工质蒸汽，使之压力升高后送入冷凝器，在冷凝器中冷凝成压力较高的液体，经节流阀节流后，成为压力较低的液体后，送入蒸发器，在蒸发器中吸热蒸发而成为压力较低的蒸汽，再送入压缩机的入口，从而完成制冷循环。图 3-21 和图 3-22 为两种冷冻系统外观。

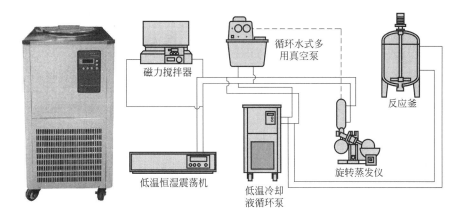

循环水式多
用真空泵

磁力搅拌器

反应釜

低温恒湿震荡机

低温冷却
液循环泵

旋转蒸发仪

图 3-20　低温冷却液循环泵及其应用过程图

图 3-21　中试型冷冻干燥机

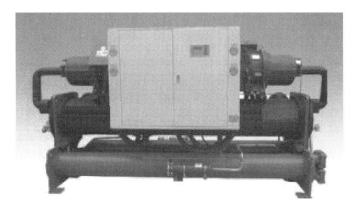

图 3-22　防爆型复叠式低温冷冻机组

第三节　换热设备

一、夹套式换热器与蛇管式换热器

1. 实验室设备

（1）可调式电加热套

可调式电加热套集调压、恒温于一体，适用于各种玻璃仪器的加热。见图 3-23。

（2）电热恒温水（油）浴锅

电热恒温水（油）浴锅的加热原理是恒温和辅助加热。水浴锅见图 3-24。

图 3-23　可调式电加热套

图 3-24　电热恒温水（油）浴锅

（3）蛇管冷凝器

蛇管冷凝器的蛇管内走冷凝水，蒸汽在管外冷凝。蛇管冷凝器见图 3-25。

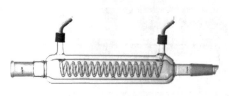

图 3-25　蛇管冷凝器

图 3-26　夹套式换热器

2. 药厂对应设备

（1）夹套式换热器

夹套式换热器是间壁式换热器的一种，在容器外壁安装夹套制成，结构简单；但其加热面受容器壁面限制，传热系数不高，为提高传热系数且使釜内液体受热均匀，可在釜内安装搅拌器。当夹套中通入冷却水或无相变的加热剂时，亦可在夹套中设置螺旋隔板或其他增加湍动的措施，以提高夹套一侧的给热系数。为补充传热面的不足，也可在釜内部安装蛇管。夹套式换热器广泛用于反应过程的加热和冷却。图 3-26 为夹套式换热器。

（2）蛇管式换热器

蛇管式换热器是由金属或非金属管子，按需要弯曲成所需的形状如圆形、螺旋形和长的蛇形管，作为传热元件的换热器。它是最早出现的一种换热设备，具有结构简单和操作方便等优点。按使用状态不同，蛇管式换热器又可分为沉浸式蛇管和喷淋式蛇管两种。图 3-27 是沉浸式和喷淋式蛇管换热器结构示意图。

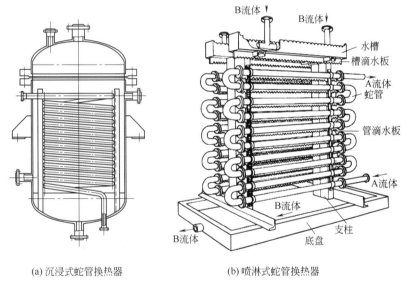

(a) 沉浸式蛇管换热器   (b) 喷淋式蛇管换热器

图 3-27　沉浸式和喷淋式蛇管换热器

二、列管式换热器

1. 实验室设备

（1）直管冷凝器

直管冷凝器用于蒸馏蒸汽的冷却。

（2）球形冷凝器

球形冷凝器用于回馏蒸汽的冷却。以上两种仪器外观见图 3-28。

2. 药厂对应设备

列管式换热器主要由壳体、管板、换热管、封头、折流挡板等组成。所需材质可分别

(a) 直管冷凝器

(b) 球形冷凝器

图 3-28　实验室常用列管式换热器

采用普通碳钢、紫铜或不锈钢制作。在进行换热时，一种流体由封头的连接管处进入，在管内流动，从封头另一端的出口管流出，称之管程；另一种流体由壳体的接管进入，从壳体上的另一接管处流出，称为壳程。列管式换热器一般分固定管板式换热器、浮头式换热器、填料函式换热器、U 型管式换热器、涡流热膜换热器等类型。图 3-29 是列管式换热器及其结构示意图。

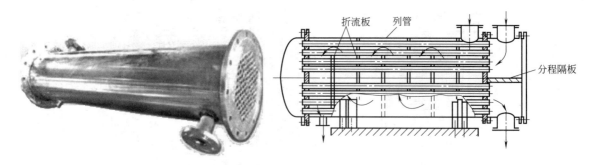

图 3-29　列管式换热器及其结构图

第四节　计量设备

一、高位计量罐

1. 实验室设备

滴液漏斗：用于向反应容器加入液体的玻璃仪器。见图 3-30。

2. 药厂对应设备

（1）高位槽

高位槽通常设置在系统的高点，主要用于液体物料的计量及投料。

图 3-30　滴液漏斗

（2）计量罐

通常用于液体物料计量及常压、加压、真空条件下的物料输送，也可附加换热器，保持物料温度。按计量精度等级分为普通计量、精确计量两个等级。

两者采用的材质分别有碳钢、铝、钛、塑料等，对大容量计量罐采用"碳钢外壳＋内衬防腐有色金属板"或"碳钢外壳＋内衬塑、衬胶"。结构分立、卧式两种型式。图 3-31 是高位槽和计量罐的外观图。

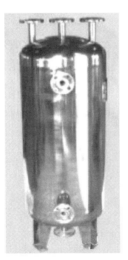

(a) 高位槽　　　　　　　　　　　　　　　　　　　(b) 计量罐

图 3-31　高位槽与计量罐

二、加料漏斗

1. 实验室设备

加料漏斗：将固体向反应容器加入的仪器。见图3-32。

图 3-32　加料漏斗

2. 药厂对应设备

加料漏斗：加料漏斗是向容器加料时，常采用的一种防止外泄的加料装置。对固体物料，为了确保物料的顺利流出，有时可以加装搅拌装置。见图3-33。

(a) 普通加料漏斗　　　　　　　　(b) 带搅拌装置的加料漏斗

图 3-33　加料漏斗

三、磅秤

1. 实验室设备

天平（电子天平）：用于固体的称重。见图3-34。

2. 药厂对应设备

磅秤：用于称量物料质量的计量装置。用金属制成，固定的底座上有承重的托盘或金属板，也称台秤。有时也用吊钩秤。见图3-35。

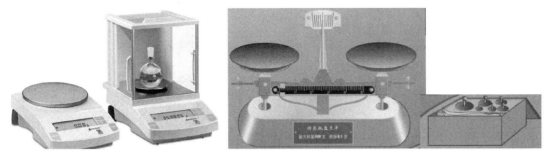

图 3-34　天平（电子天平）

图 3-35　磅秤

四、计量槽

1. 实验室设备

量筒（量杯）：用于液体的称量。见图 3-36。

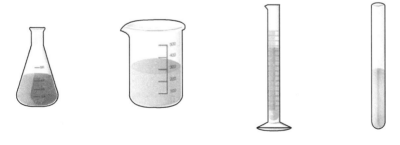

图 3-36　量筒（量杯）

2. 药厂对应设备

计量槽、计量罐：计量物料体积的容器。见图 3-37。

图 3-37　计量槽与计量罐

第五节　过滤与初馏精馏设备

一、过滤设备

1. 实验室设备

抽滤瓶：固-液组分的减压分离时，接收液体的容器。见图 3-38。

图 3-38　抽滤瓶

2. 药厂对应设备

（1）板式过滤器

板式过滤器是以波纹板为换热面的一种紧凑型热换器，冷热流体交替地在板片两侧流过，通过板片进行热交换。主体是由滤槽、滤网片、起盖机构、自动排渣装置等组成。图 3-39 是板式过滤器外观图。

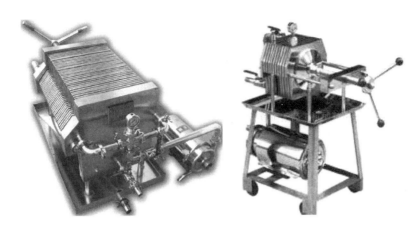

图 3-39　板式过滤器

（2）离心式过滤器

离心式过滤器基于重力及离心力的工作原理，清除重于水的固体颗粒。水由进水管切向进入离心过滤器体内，旋转产生离心力，推动泥沙及密度较高的固体颗粒沿管壁流动，形成旋流，使沙子和石块进入集砂罐，净水则顺流沿出水口流出，即完成水砂分离。图 3-40 是离心式过滤器外观图。

图 3-40　离心式过滤器

（3）真空式过滤器

真空式过滤器是将从大气吸入的污染物（主要是尘埃）收集起来，防止系统污染，用在吸盘和真空发生器（或真空阀）之间。在真空发生器的排气口、真空阀的吸气口（或排气口）和真空泵的排气口应安装消声器。图 3-41 是真空式过滤器外观图。

二、初馏精馏设备

1. 实验室设备

（1）常压蒸馏头

常压状态下蒸馏蒸汽温度控制分出。见图 3-42。

图 3-41　真空式过滤器

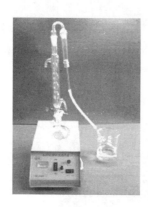

出水

进水

加热

图 3-42　常压蒸馏装置

（2）刺形分流柱

常压状态下精馏蒸汽温度控制分出。见图 3-43。

（3）减压蒸馏头

减压状态下蒸馏蒸汽温度控制分出。见图 3-44。

图 3-43　刺形分流柱　　　　　　　　图 3-44　减压蒸馏装置

（4）分馏头

分馏头用于蒸馏时不同馏分的分离。见图3-45。

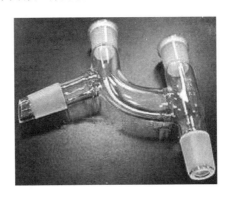

图 3-45　分馏头

2.药厂对应设备

（1）蒸馏釜

蒸馏釜主要是用于生产过程中挥发度相差较大的多元溶剂的粗分、结晶前溶液的浓缩。它包括蒸馏釜壳体、封头及其上的气体出口，有时可按照实际需要安装除沫器等附加装置。对于立式蒸发器，蒸馏釜上部为蒸发室，下部为高沸点、高浓度或过饱和液的沉降室。在沉降室内设低速搅拌器，主要用于结晶及结晶后的悬浮液放料。对以结晶操作为主的蒸馏釜，其底部应安装旁通的排料口，以便在固体沉积堵塞时随时清理，而无需间断检修清理，保证生产连续进行。根据馏分沸点的不同，利用夹套换热器内的加热介质种类、用量、温度、压力等参数，调整、控制蒸馏釜温度，实现馏分的气化，再通过冷凝收集即可完成蒸馏操作。图3-46是两种蒸馏釜外观。

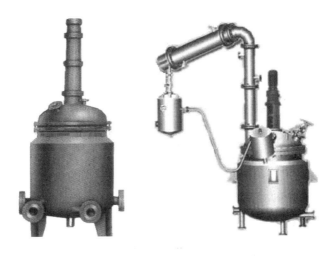

图 3-46　蒸馏釜

（2）间歇式精馏塔

间歇式精馏塔是药厂常用的用来分离混合溶剂的设备，由塔体、塔釜、冷凝器、接收器四部分组成，常用材质为不锈钢、碳钢、搪瓷等，适应于小批量混合溶剂的分离处理。图 3-47 是间歇式精馏塔及其结构示意图。

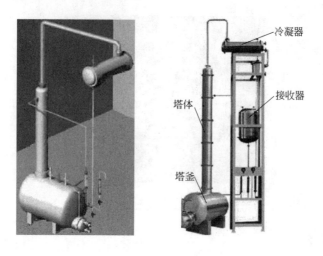

图 3-47 间歇式精馏塔及其结构示意图

（3）连续式精馏塔

连续式精馏塔是医药、化工实际生产中广泛应用的一种分离混合溶剂的装置。与间歇式精馏塔不同，在塔身中部设有加料口，用于连续加料。通常把加料口之上的塔体部分称为精馏段，加料口之下的塔体部分称为提馏段（而间歇式精馏塔通常只有精馏段）适合大批量混合溶剂的分离处理。图 3-48 是精馏塔结构示意图及其工作原理图。

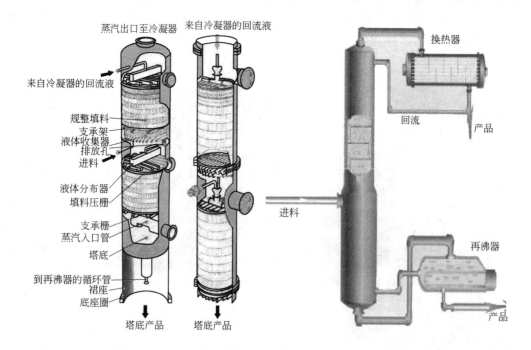

图 3-48 精馏塔结构示意图及其工作原理图

精馏塔是一种利用溶剂间挥发度不同分离混合溶剂的一种装置。蒸汽由塔釜产生，上升的气相（蒸汽）与下降的液相在塔内进行逆流接触，使下降液相中的易挥发组分，即相对挥发度较大者（低沸点）向上升的气相中转移；而气相中的难挥发组分，即相对挥发度较小者（高沸点）向下降的液相中转移。越接近塔顶，气相中易挥发组分浓度越高；越接近塔底，液相中的难挥发组分浓度越高，从而达到组分分离的目的。由塔顶上升的气体进入冷凝器后冷凝为液体，其中的一部分作为获得的塔顶产品，而其余部分作为回流液返回塔顶，下降至精馏塔中，成为下降液相。塔底流出的液体，其中的一部分液体作为获得的塔底产品，而其余部分送入再沸器，加热为蒸汽，从塔底返回至精馏塔，重新成为上升气相。

　　常见的精馏塔分为板式、填料、乳化塔等类型，生产实际中，依照不同需求选型使用。

第四章

实验室与药厂同品种工艺及
实现过程的比对

本章将以氯霉素（Chloramphenicol）、舒巴坦钠（Sufbactam Sodium）、头孢曲松钠（Ceftriaxone Sodium）三个品种为例，具体将实验室工艺与药厂工艺进行对比，使大家对实验室与工厂工艺的异同有所了解。

第一节　氯霉素的工艺对比

一、氯霉素的合成

氯霉素化学名为 D-苏式-(－)-N-[α-(羟基甲基)-β-羟基-对硝基苯乙基]-2,2-二氯乙酰胺。

氯霉素的合成以对硝基苯乙酮为原料，溴化生成对硝基-α-溴代苯乙酮，与环六亚甲基四胺成盐后，以盐酸水解得对硝基-α-氨基苯乙酮盐酸盐，用醋酐乙酰化后，再与甲醛缩合，羟甲基化得对硝基-α-乙酰氨基-β-羟基苯丙酮，以异丙醇铝还原为（±）-苏阿糖型-1-对硝基苯基-2-乙酰氨基-1,3-丙二醇，盐酸水解脱去乙酰基，以碱中和得（±）-苏阿糖型-1-对硝基苯基-2-氨基-1,3-丙二醇。用诱导结晶法进行拆分，得（－）-苏阿糖型-1-对硝基苯基-2-氨基-1,3-丙二醇，最后进行二氯乙酰化即得氯霉素。其合成路线如下所示：

二、实验室与药厂的工艺对比

1. 对硝基-α-溴代苯乙酮的制备

实验室方法	工业方法
在恒温磁力搅拌器上,安装温度计、滴液漏斗和有气体吸收装置的球形冷凝管于含内置磁性搅拌子的 250mL 三颈瓶上。首先向三颈瓶中加入 10g 对硝基苯乙酮、75mL 氯苯,于 25～28℃ 搅拌使溶解。通过滴液漏斗向三颈瓶中滴加 9.7g 溴。首先滴加溴 2～3 滴,反应液即呈棕红色,10min 内褪成橙色表示反应开始;继续滴加剩余的溴,约 1～1.5h 加完,继续搅拌 1.5h,反应温度保持在 25～28℃。反应完毕后,用水泵减压抽去溴化氢约 30min,得对硝基-α-溴代苯乙酮氯苯溶液,备用。	将对硝基苯乙酮及氯苯加入到溴代罐中,在搅拌下先加入少量的溴(占全量的 2%～3%)。有大量溴化氢产生且红棕色的溴消失时,表示反应开始。保持反应温度在 26～28℃,逐渐将其余的溴加入。反应产生的溴化氢气体用真空抽出,用水吸收制成溴化氢溶液回收。溴滴加完毕后,继续反应 1h,然后升温至 26～28℃,通压缩空气以尽量排走反应液中的溴化氢,否则影响下一步成盐反应。静置 0.5h 后,将澄清的反应液送至下一步成盐反应。

2. 对硝基-α-溴化苯乙酮六亚甲基四胺盐的制备

实验室方法	工业方法
在恒温磁力搅拌器上,安装具有温度计、空心塞和球形冷凝管的含内置磁性搅拌子的250mL三颈瓶。向三颈瓶中,依次加入上步制备的对硝基-α-溴代苯乙酮的氯苯溶液和20mL氯苯,冷却至15℃以下,于搅拌下加入8.5g六亚甲基四胺粉末,温度控制在28℃以下,加毕,加热至35~36℃,保温反应1h,测定终点。如反应已到终点,继续在35~36℃反应20min,即得对硝基-α-溴代苯乙酮六亚甲基四胺盐(简称成盐物),然后冷至16~18℃,备用。	将经脱水的氯苯加入干燥的反应罐内,在搅拌下加入干燥的六亚甲基四胺,用冰盐水冷至5~15℃,将除净残渣的溴化液抽入,33~38℃反应1h,然后测定反应终点,即得对硝基-α-溴代苯乙酮六亚甲基四胺盐(简称成盐物),该产物无需过滤,冷却后即可直接用于下一步水解反应。

3. 对硝基-α-氨基苯乙酮盐酸盐的制备

实验室方法	工业方法
在恒温磁力搅拌器上,安装具有温度计、空心塞和球形冷凝管的含内置磁性搅拌子的250mL三颈瓶。向三颈瓶中,依次加入上步制备的成盐物氯苯溶液、3g氯化钠和17.2mL浓盐酸,冰水浴冷至6~12℃,搅拌3~5min,使成盐物呈颗粒状,待氯苯溶液澄清分层,分出氯苯。立即加入37.7mL乙醇,搅拌,加热,0.5h后升温到32~35℃,保温反应5h。冷至5℃以下,过滤,滤饼转移到烧杯中加19mL水,在32~36℃搅拌30min,再冷至-2℃,过滤,用预冷到2~3℃的6mL乙醇洗涤,抽干,得对硝基-α-氨基苯乙酮盐酸盐(简称水解物)。	将盐酸加入搪瓷玻璃罐内,降温至7~9℃,搅拌下加入对硝基-α-溴代苯乙酮六亚甲基四胺盐。继续搅拌至对硝基-α-溴代苯乙酮六亚甲基四胺盐转变为颗粒状后,停止搅拌,静置,分出氯苯。然后加入甲醇和乙醇,搅拌升温,在32~34℃反应4h。反应完毕,降温,分去酸水,加入常水洗去酸后,再加入温水分出二乙醇缩甲醛。再加入适量水,搅拌冷至-3℃,离心分离,得到对硝基-α-氨基苯乙酮盐酸盐(简称水解物)。

4. 对硝基-α-乙酰氨基苯乙酮的制备

实验室方法	工业方法
在恒温磁力搅拌器上,安装具有温度计、滴液漏斗和球形冷凝管的含内置磁性搅拌子的250mL三颈瓶。向三颈瓶中加入上步制得的水解物及20mL水,搅拌均匀后冷至0~5℃。在搅拌下加入9mL醋酐。另取29mL40%醋酸钠溶液,用滴液漏斗在30min内滴入反应液中,滴加时反应温度不超过15℃。滴毕,升温到14~15℃,搅拌1h(反应液始终保持在pH=3.5~4.5),再补加1mL醋酐,搅拌10min,测定终点。如反应已完全,立即过滤,滤饼用冰水搅成糊状,抽滤,再用饱和碳酸氢钠溶液中和至pH=7.2~7.5,抽滤,最后用冰水洗至中性,抽干,得淡黄色结晶对硝基-α-乙酰氨基苯乙酮(简称乙酰化物)。	向反应罐中加入母液,冷却至0~3℃后,加入水解物,开动搅拌,将结晶打碎成浆状,加入醋酐,搅拌均匀后,先慢后快地加入38%~40%醋酸钠溶液。这时温度逐渐上升,加完乙酸钠时温度不要超过22℃,在18~22℃反应1h测定反应终点。如反应已完全,反应液冷却至10~13℃,即析出结晶,过滤,先用常水洗涤结晶,再以1%~1.5%碳酸氢钠溶液洗涤结晶至pH=7,得到对硝基-α-乙酰氨基苯乙酮(简称乙酰化物)。本品应避光保存。

5. 对硝基-α-乙酰氨基-β-羟基苯丙酮的制备

实验室方法	工业方法
在恒温磁力搅拌器上,安装具有温度计、空心塞和球形冷凝管的含内置磁性搅拌子的 250mL 三颈瓶。向三颈瓶中加入乙酰化物及 15mL 乙醇和 4.3mL 甲醛,搅拌均匀后,用少量饱和 $NaHCO_3$ 溶液调 pH=7.2~7.5。搅拌下缓慢升温,大约 40min 达到 32~35℃,再继续升温至 36~37℃,直到反应完全。迅速冷却至 0℃,过滤,用 25mL 冰水分次洗涤,抽滤,干燥,即得对硝基-α-乙酰氨基-β-羟基苯丙酮(简称缩合物)。	将乙酰化物加水调成糊状,测 pH 值应为 7。将甲醇加入反应罐内,升温至 28~33℃,加入甲醛溶液,随后加入"乙酰化物"及 $NaHCO_3$,测 pH 应为 7.5。反应放热,温度逐渐上升,直到反应完全。 反应完毕,降温至 0~5℃,离心过滤,干燥至含水量 0.2% 以下,得到对硝基-α-乙酰氨基-β-羟基苯丙酮(简称缩合物)。可送至下一步还原反应。

6. (±)-苏阿糖型-1-对硝基苯基-2-氨基-1,3-丙二醇的制备

实验室方法	工业方法
在恒温磁力搅拌器上,安装具有温度计、空心塞和球形冷凝管的含内置磁性搅拌子的 100mL 三颈瓶。向三颈瓶中,依次投入剪碎的铝片 2.7g,无水异丙醇 63mL 和无水三氯化铝 0.3g。用油浴加热至回流,使得铝片全部溶解,冷却到室温,备用。 在制备异丙醇铝的三颈瓶中加入无水三氯化铝 1.35g,加热到 44~46℃,搅拌 30min。再降温到 30℃,加入缩合物 10g。然后缓慢加热,约 30min 内升温到 58~60℃,继续反应 4h。 冷却到 10℃以下,滴加浓盐酸 70mL。滴毕,加热到 70~75℃,水解 2h(最后 0.5h 加入活性炭脱色),趁热过滤,滤液冷至 5℃以下,放置 1h。过滤析出的固体,用少量 20% 盐酸(预冷至 5℃以下)8mL 洗涤。 将固体溶于 12mL 水中,加热到 45℃,滴加 15% NaOH 溶液到 pH=6.5~7.6。过滤,滤液再用 15%NaOH 调节 pH=8.4~9.3,冷却至 5℃以下,放置 1h。抽滤,用少量冰水洗涤,干燥,得(±)-苏阿糖型-1-对硝基苯基-2-氨基-1,3-丙二醇(dl-氨基物),mp.143~145℃。	将洁净干燥的铝片加入干燥的反应罐内,再加入少许无水三氯化铝及无水异丙醇,升温使反应液回流。此时放出大量热和氢气,温度可达 110℃左右。当回流稍缓和后,在保持不断回流的情况下,缓缓加入其余的异丙醇。加毕,加热回流至铝片全部溶解不再放出氢气为止。 将异丙醇铝-异丙醇溶液冷至 35~37℃,加入无水三氯化铝,升温至 45℃左右反应 0.5h,使部分异丙醇转变为氯代异丙醇铝。然后,向异丙醇铝与氯代异丙醇铝的混合物中加入"缩合物",于 60~62℃反应 4h。 还原反应完毕后,将反应物加至盛有水及少量盐酸的水解罐中,在搅拌下蒸出异丙醇。蒸完后,稍冷,加入上批的"亚胺物"及浓盐酸升温至 76~80℃,反应 1h 左右,在此期间,减压回收异丙醇。然后,冷至 3℃,使"氨基醇"盐酸盐结晶析出,过滤,得"氨基醇"盐酸盐。 将"氨基醇"盐酸盐加母液溶解,此时有红棕色油状物浮在上层,分离除去后,加碱中和至 pH=7.0~7.8,使铝盐变成氢氧化铝析出。加入活性炭于 50℃脱色,过滤,滤液用碱中和至 pH=9.5~10.0,氨基醇析出。

7. D-(一)-苏阿糖型-1-对硝基苯基-2-氨基-1,3-丙二醇的制备

实验室方法	工业方法
在装有搅拌器、温度计的 250mL 三颈瓶中投入"氨基醇"消旋体 5.3g,"氨基醇"左旋体 2.1g,"氨基醇"盐酸盐 16.5g 和蒸馏水 78mL。搅拌,水浴加热,保持温度在 61~63℃反应约 20min,使固体全部溶解。然后缓慢自然冷却至 45℃,开始析出结晶。再在 70min 内缓慢冷却至 29~30℃,迅速抽滤,用热蒸馏水 3mL(70℃)洗涤,抽干,干燥,得微黄色结晶("氨基醇"左旋体粗品),mp.157~159℃。滤液中再加入"氨基醇"消旋体 4.2g,按上法重复操作,得"氨基醇"右旋体粗品。 在 100mL 烧杯中加入"氨基醇"左旋体或"氨基醇"右旋体 4.5g,1mol·L^{-1} 稀盐酸 25mL。加热到 30~35℃使溶解,加活性炭脱色,趁热过滤。滤液用 15% NaOH 溶液调至 pH=9.3,析出结晶。再在 30~35℃保温 10min,抽滤,用蒸馏水洗至中性,抽干,干燥,得白色结晶,mp.160~162℃。	根据确定比例将自来水、"氨基醇"盐酸盐及"氨基醇"左旋体加入拆分罐内,升温至 50~55℃,使全溶。加入活性炭脱色,过滤。化验滤液中的总胺、游离胺及旋光含量,符合要求后,投入"氨基醇"消旋体,其量为"氨基醇"左旋体的 2 倍,在压力 2.1×10^{4}Pa(160mmHg)以下搅拌加热,升温至全溶(约 60~65℃),保温蒸发水分,然后逐渐冷却降温使"氨基醇"左旋体析出,冷至 35℃,停止抽真空及冷却,过滤,滤液送化验。拆出的"氨基醇"左旋体用热水洗涤,得量约为投入"氨基醇"左旋体的 2 倍,洗液与母液合并。由于诱导出"氨基醇"左旋体,母液的旋光特性变为右旋。 将合并洗液的母液加入拆分罐内,再次投入"氨基醇"消旋体,操作同上。因母液变为右旋,因此这次拆分出的"氨基醇"单旋体为右旋。过滤出"氨基醇"右旋体后,母液又复变为左旋。每次均投入"氨基醇"消旋体,而得到的单旋体第一次是左旋,第二次是右旋,第三次是左旋,第四次是右旋……

8. 氯霉素的制备

实验室方法	工业方法
在装有搅拌器、回流冷凝器、温度计的 100mL 三颈瓶中,加入"氨基醇"左旋体 4.5g,甲醇 10mL 和二氯乙酸甲酯 3mL。在 60~65℃搅拌反应 1h,随后加入活性炭 0.2g,保温脱色 3min,趁热过滤,向滤液中滴加蒸馏水(每分钟约 1mL 的速度滴加)至有少量结晶析出时停止加水,稍停片刻,继续加入剩余蒸馏水(共 33mL)。冷至室温,放置 30min,抽滤,滤饼用 4mL 蒸馏水洗涤,抽干,105℃干燥,即得氯霉素,mp.149.5~153℃。	将甲醇(含水在 0.5% 以下)置于干燥的反应罐内,加入二氯乙酸甲酯,在搅拌下加入"氨基醇"左旋体(含水在 0.3% 以下),于 65℃左右反应 1h。加入活性炭脱色,过滤,在搅拌下往滤液中加入蒸馏水,使氯霉素析出。冷至 15℃过滤,洗涤干燥,便得到氯霉素成品。

第二节 舒巴坦钠的工艺对比

一、舒巴坦钠的合成

舒巴坦钠的化学名为（2S，5R）-3,3-二甲基-7-氧-4-硫杂-1-氮杂双环［3,2,0］庚烷-2-羧酸钠-4,4-二氧化物。

舒巴坦钠的合成以 6-氨基青霉烷酸（6-APA）为原料，经重氮化及溴化脱氮后生成6,6-二溴青霉烷酸，经高锰酸钾氧化为 6,6-二溴青霉烷砜，氢解脱溴制得舒巴坦，成盐即得舒巴坦钠。

二、实验室与药厂的工艺对比

1. 6,6-二溴青霉烷酸的制备

实验室方法	工业方法
在低温(恒温)搅拌反应浴中安装 250mL 三颈瓶，向三颈瓶内加入 180mL 乙酸乙酯，搅拌，降温至 0℃，加入溴素 38g，当温度降至 0℃时，加入 7mL 3mol·L⁻¹ 硫酸，并且控制温度在 5℃以下；然后在搅拌下于 0℃缓慢均匀加入 13g 亚硝酸钠与 20g 6-氨基青霉烷酸混合配制的水溶液，约 1h 加完。5～7℃继续搅拌 60min 后滴加 1mol·L⁻¹ 亚硫酸氢钠溶液至反应液呈黄色，静置分层，分出有机层，水层用乙酸乙酯萃取 3 次，合并有机层并用饱和氯化钠溶液及水各洗 3 次至有机层无色，即得 6,6-二溴青霉烷酸乙酯溶液，收率可达 95%。亦可减压蒸除溶剂，即得 6,6-二溴青霉烷酸粗品，mp. 121～123℃（分解）；精制收率为 80%，mp. 144～146℃（分解）。	在乙酸乙酯中加入溴素，搅拌下冷却，再缓慢加入硫酸水溶液，控制温度；然后缓慢均匀加入 6-氨基青霉烷酸与亚硝酸钠混合水溶液，控制温度，加毕，维持该条件一定时间。之后加入亚硫酸氢钠水溶液，至反应液颜色褪为无色，并用 KI 淀粉指示液检测终点。之后，静置片刻，反应液分层；分出乙酸乙酯层，水层用乙酸乙酯萃取；合并乙酸乙酯萃取液，待用。

2. 6,6-二溴青霉烷砜的制备

实验室方法	工业方法
在低温(恒温)搅拌反应浴中安装 500mL 三颈瓶,向三颈瓶内加入上述 6,6-二溴青霉烷酸乙酸乙酯溶液,加入 120mL 去离子水,搅拌,冷却至 5℃以下。用 4mol·L^{-1} NaOH 调节 pH=6.0。控制温度在 5℃以下,缓慢加入氧化剂,即 18.5g 高锰酸钾与 11g 磷酸的混合溶液,加毕,维持反应温度 5℃以下 30min。之后,用 3mol·L^{-1} H$_2$SO$_4$ 调节 pH=2.0,再缓慢加入 4mol·L^{-1} 亚硫酸氢钠至高锰酸钾颜色褪去,在此期间保持 pH=2.0,维持反应温度 5℃以下。反应结束,分出有机层,水层用乙酸乙酯萃取 3 次;合并有机层并用饱和氯化钠溶液及水各洗 3 次至有机层无色;上述有机层于旋转蒸发器中,水浴加热减压蒸馏,控制真空度在 -0.095MPa 以下,待有结晶析出时停止蒸发,冷至 10℃以下,抽滤,真空干燥,得类白色结晶,即得 6,6-二溴青霉烷砜粗品约 28.9g,按 6-氨基青霉烷酸计收率 86.1%。	将上述乙酸乙酯萃取液冷却,用氢氧化钠溶液调节酸碱度,控制温度下,缓慢加入氧化剂,即高锰酸钾与磷酸混合水溶液,此过程维持一定温度,加毕,保持搅拌片刻。之后,用硫酸溶液调节酸碱度,再缓慢加入亚硫酸氢钠溶液至高锰酸钾颜色褪去,在此期间保持一定的酸碱度,控制温度。反应结束,静置片刻,分层;分出乙酸乙酯层,水层用乙酸乙酯萃取;合并乙酸乙酯萃取液,其用饱和氯化钠水溶液洗涤,乙酸乙酯萃取液减压蒸馏,控制一定真空度,待有结晶析出后,停止蒸发,冷却,过滤,真空干燥,得类白色结晶,为 6,6-二溴青霉烷砜粗品。

3. 舒巴坦的制备

实验室方法	工业方法
在高压釜中加入 39g 6,6-二溴青霉烷砜、150mL 乙醇和 2g Raney 镍,封好高压釜。向釜内通入氮气再放空,如此重复 3 次;再通入氢气并放空 3 次,最后通入氢气至 7.2MPa。搅拌反应液,注意压力变化,并不断补充氢气以使压力保持不变。当釜内压力不变时,继续反应 3h。排空釜内氢气,取出反应液,抽滤,滤出 Raney 镍。滤液加入活性炭 1g,于室温下搅拌 0.5h,抽滤,滤出活性炭,滤液减压蒸除乙醇,得白色固体,即得舒巴坦粗品约 19g,按 6-氨基青霉烷砜计收率为 82%,mp.146～148℃(分解)。 在调温电加热套中安装具有球形冷凝管的 250mL 圆底烧瓶,向圆底烧瓶内加入 20g 舒巴坦粗品和 100mL 蒸馏水,升温至全部溶解,加 0.5g 活性炭,回流 15min,趁热过滤,滤液冷却至 4℃以下,析出晶体,抽滤,真空干燥,得白色固体,即得舒巴坦精品约 18g,按舒巴坦粗品计收率为 91%,mp.154～156℃(分解)。	将上述所得 6,6-二溴青霉烷砜加入乙醇中溶解,在加入钯碳后,注入高压反应釜中,密封高压反应釜。首先向高压反应釜通入氮气再放空,如此重复 3 次;然后将高压反应釜内的氮气减压排除至真空状态,通入氢气至一定压力,搅拌反应液,注意压力变化,并适时补充氢气以维持高压反应釜内压力,当釜内压力不再发生变化时继续搅拌若干时间。排空釜内氢气,用氮气置换,取出反应液,除去钯碳,溶液中加入活性炭,搅拌,过滤,滤液减压蒸馏出乙醇,即得白色固体,为舒巴坦粗品。将上述舒巴坦粗品加入蒸馏水中,升温至全部溶解,加入活性炭,搅拌,趁热过滤,滤液冷却,析出晶体,过滤,真空干燥,得白色固体,为舒巴坦精品。

4. 舒巴坦钠的制备

实验室方法	工业方法
在低温（恒温）搅拌反应浴中安装 250mL 圆底烧瓶，向圆底烧瓶内加入 12g 舒巴坦精品和 80mL 乙酸乙酯，搅拌使之溶解。继续搅拌并缓慢滴加 10g 异辛酸钠与 100mL 乙酸乙酯配制的混合液。滴加完毕后搅拌冷却至 5℃ 以下。待结晶完全，抽滤，晶体用少量的无水乙醇洗涤，真空干燥，得白色晶体，即得舒巴坦钠精品约 13g，以舒巴坦计，收率 99.0%。	舒巴坦精品溶解于乙酸乙酯中，搅拌下，缓慢加入异辛酸钠的乙酸乙酯溶液，加毕后，继续搅拌，冷却，直至结晶析出完全，过滤，晶体用少量的无水乙醇洗涤，真空干燥，得白色晶体，为舒巴坦钠精品。

第三节　头孢曲松钠的工艺对比

一、头孢曲松钠的合成

头孢曲松钠的化学名为 (6R,7R)-7-{[(2-氨基-4-噻唑基)(甲氧亚氨基)乙酰]氨基}-8-氧代-3-{[(1,2,5,6-四氢-2-甲基-5,6-二氧代-1,2,4-三嗪-3-基)硫代]甲基}-5-硫代-1-氮杂双环[4,2,0]辛-2-烯-2-羧酸二钠盐三倍半水合物。

头孢曲松钠合成工艺路线之一的活性硫酯法为目前国内生产头孢曲松钠的主要工艺路线。它是由 7-氨基头孢烷酸（7-ACA）的 3 位通过三嗪杂环取代制得 7-氨基头孢三嗪（7-ACT），与 AE-活性酯（MAEM）缩合后，再与醋酸钠成盐，即得头孢曲松钠。

二、实验室与药厂的工艺对比

1. 7-氨基头孢三嗪（7-ACT）的制备

实验室方法	工业方法
在恒温磁力搅拌器中，安装具有温度计、滴液漏斗和球形冷凝管的含内置磁性搅拌子的500mL三颈瓶。首先向三颈瓶中加入140mL的乙腈，然后加入10g 7-氨基头孢烷酸(7-ACA)、5.85g三嗪杂环，使之悬浮于乙腈中。氮气保护下加热到34℃，再滴加120mL 20%三氟化硼-乙腈溶液，搅拌反应35min。冰水浴降温至10℃，加水40mL，用12%氨水调至pH=3~4，生成结晶，搅拌养晶1.5h后抽滤，分别用80%乙醇溶液和丙酮各洗涤滤饼一次，干燥，得白色固体，即得7-氨基头孢三嗪(7-ACT)，按7-氨基头孢烷酸计收率为90%，mp. 195~198℃。	在装有桨式搅拌的搪瓷反应釜中加入乙腈，搅拌状态下加入7-氨基头孢烷酸(7-ACA)和三嗪杂环，反应混合物升至一定温度后加入三氟化硼-乙腈，搅拌反应至无原料剩余。将反应液转移至装有框式搅拌器的搪瓷反应釜中，滴加4%氨水溶液，析出大量白色结晶性粉末，继续搅拌1h使结晶完全。用离心机离心过滤，用乙醇淋洗，甩干，即得7-氨基头孢三嗪(7-ACT)湿品。

2. 头孢曲松钠粗品的制备

实验室方法	工业方法
在恒温磁力搅拌器中，安装具有温度计、滴液漏斗和球形冷凝管的含内置磁性搅拌子的250mL三颈瓶。在三颈瓶中加入100mL二氯甲烷，开动搅拌，分批加入7-氨基头孢三嗪(7-ACT)10g，控制温度-5~0℃下，自滴液漏斗滴加三乙胺8.5g，滴加完毕后，加入AE-活性酯10g，继续在此温度下搅拌，直至TLC检测7-氨基头孢三嗪转化完全。加入饱和醋酸钠水溶液7.5mL，充分搅拌均匀后，转移至分液漏斗中，分出水层，二氯甲烷层再用饱和醋酸钠水溶液15mL分2次萃取，合并水层。将水层逐滴加入10倍量丙酮中，冰水浴冷却下搅拌直至结晶完全。抽滤，滤饼用丙酮洗涤2次，干燥即得头孢曲松钠粗品18g。按7-氨基头孢三嗪计收率为80%。	在装有桨式搅拌器的搪瓷反应釜中，加入二氯甲烷，于搅拌状态下加入7-氨基头孢三嗪(7-ACT)湿品，在一定温度下滴加三乙胺，滴加完毕后，加入AE-活性酯，搅拌反应至无原料剩余。加入醋酸钠水溶液充分搅拌后，静置分层。水相转移至装有框式搅拌器的搪瓷反应釜中，有机相再用醋酸钠水溶液萃取2次，所有水相合并至装有框式搅拌器的搪瓷反应釜后，搅拌下滴加至丙酮中，析晶，继续搅拌1h使结晶完全。离心机离心过滤，真空干燥，即得头孢曲松钠粗品。

3. 头孢曲松钠精品的制备

实验室方法	工业方法
在恒温磁力搅拌器中安装内置有磁性搅拌子的圆底烧瓶中，加入头孢曲松钠粗品和适量的水，搅拌使之全部溶解，加入1%活性炭，继续搅拌15min，过滤。滤液用冰水浴冷却下，逐滴加入丙酮，直至结晶完全。抽滤，滤饼用丙酮洗，干燥即得头孢曲松钠精品。	在装有推进式搅拌器的不锈钢反应釜中加入丙酮水溶液，搅拌状态下加入头孢曲松钠粗品至完全溶解，加活性炭脱色后，溶液通过过滤器至滤液存储罐。 向装有框式搅拌器的不锈钢反应釜中加入丙酮，在搅拌下用氮气将上述存储罐中的滤液经除菌滤芯压入这个反应釜中，搅拌析晶1h，离心机离心过滤，真空干燥，即得头孢曲松钠精品。

第四节　工艺实现过程的对比

一、舒巴坦钠制备工艺流程图

1. 第一步：6,6-二溴青霉烷酸的乙酸乙酯溶液制备

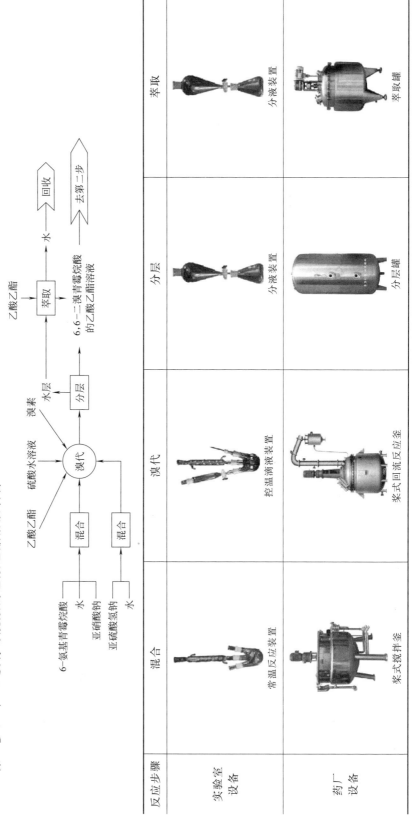

反应步骤	混合	溴代	分层	萃取
实验室设备	常温反应装置	控温滴液装置	分液装置	分液装置
药厂设备	浆式搅拌釜	浆式回流反应釜	分层罐	萃取罐

2. 第二步：6,6-二溴青霉烷砜粗品的制备

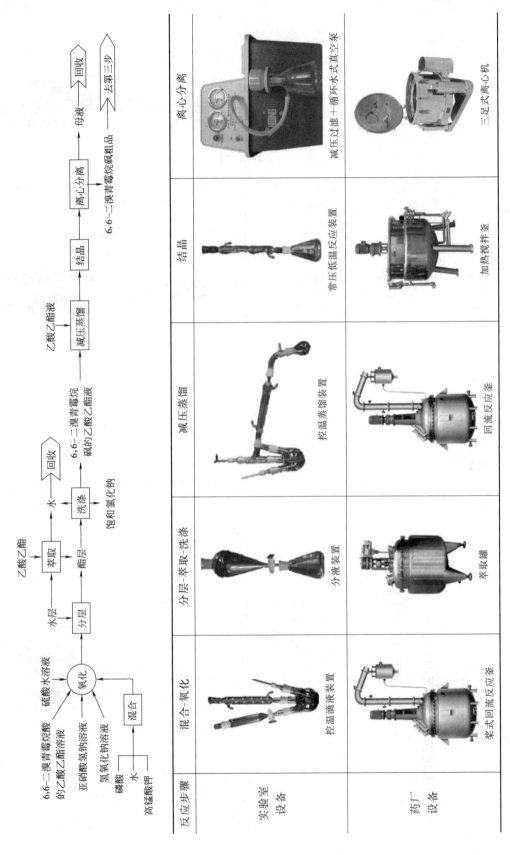

反应步骤	混合-氧化	分层-萃取-洗涤	减压蒸馏	结晶	离心分离
实验室设备	控温滴液装置	分液装置	控温蒸馏装置	常压低温反应装置	减压过滤+循环式水式真空泵
药厂设备	浆式回流反应釜	萃取罐	回流反应釜	加热搅拌釜	三足式离心机

3. 第三步：舒巴坦精品的制备（一）

6,6-二溴青霉烷砜粗品 + 乙醇 → 溶解 → 还原（钯碳／氢气） → 加压过滤（钯碳 → 回收） → 脱色（活性炭） → 板框过滤（活性炭） → 减压蒸馏（乙醇 → 回收） → 舒巴坦粗品

反应步骤	溶解	还原	加压过滤	脱色	板框过滤	减压蒸馏
实验室设备	锥形瓶	加压反应釜	减压过滤装置＋循环水式真空泵	回流装置	减压过滤装置＋循环水式真空泵	控温蒸馏装置
药厂设备	桨式搅拌釜	氢化塔	板框压滤机	螺旋搅拌釜	板框压滤机	回流反应釜

4. 第三步：舒巴坦精品的制备（二）

舒巴坦粗品 → 溶解 → 脱色 → 加热过滤 → 结晶 → 离心过滤 → 真空干燥 → 舒巴坦精品（去第四步）

水　活性炭　活性炭　　母液 → 回收

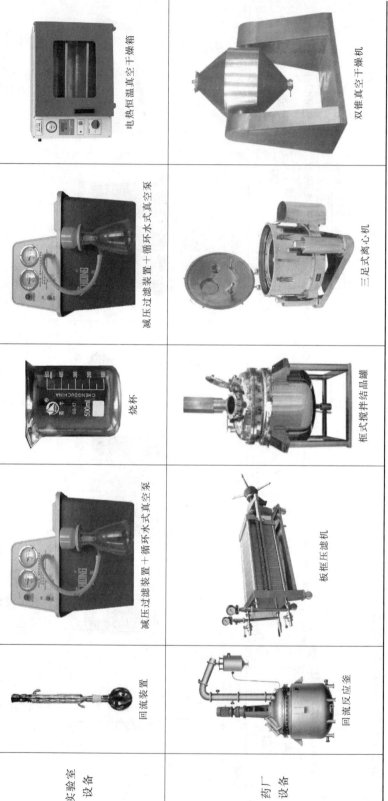

反应步骤	溶解-脱色	加热过滤	结晶	离心过滤	真空干燥
实验室设备	回流装置	减压过滤装置+循环水式真空泵	烧杯	减压过滤装置+循环水式真空泵	电热恒温真空干燥箱
药厂设备	回流反应釜	板框压滤机	框式搅拌结晶罐	三足式离心机	双锥真空干燥机

5. 第四步：舒巴坦钠精品的制备

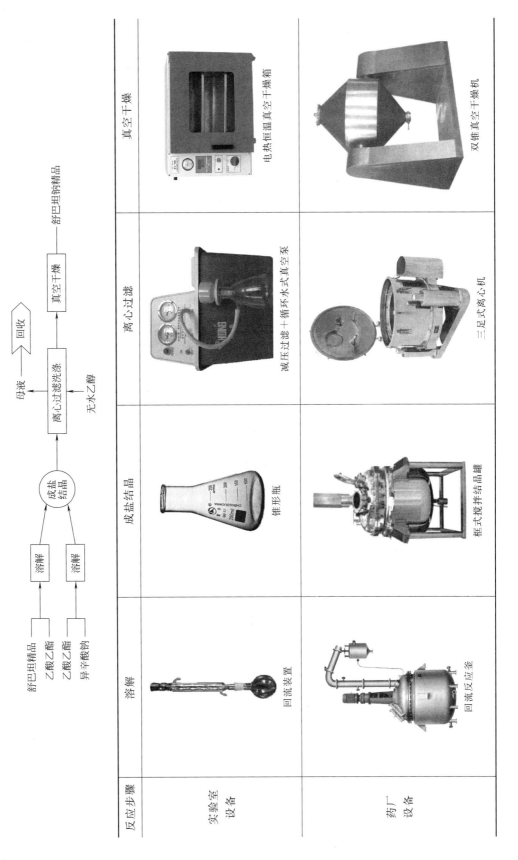

舒巴坦精品 —→ 溶解 ←— 乙酸乙酯
异辛酸钠 —→ 溶解 ←— 乙酸乙酯
→ 成盐结晶 ←— 无水乙醇
→ 离心过滤洗涤 —→ 母液 —→ 回收
→ 真空干燥 —→ 舒巴坦钠精品

反应步骤	溶解	成盐结晶	离心过滤	真空干燥
实验室设备	回流装置	锥形瓶	减压过滤＋循环水式真空泵	电热恒温真空干燥箱
药厂设备	回流反应釜	框式搅拌结晶罐	三足式离心机	双锥真空干燥机

6. 舒巴坦钠带控制点工艺流程图

第一、二步：

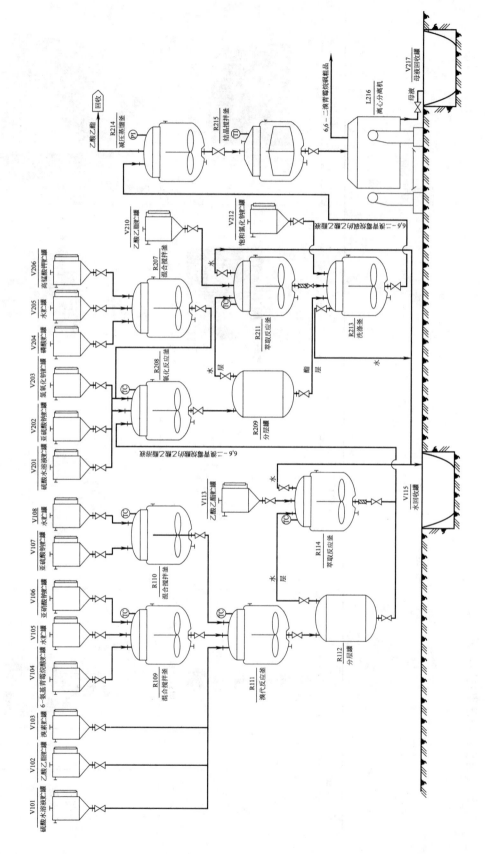

第三步：

第四步：

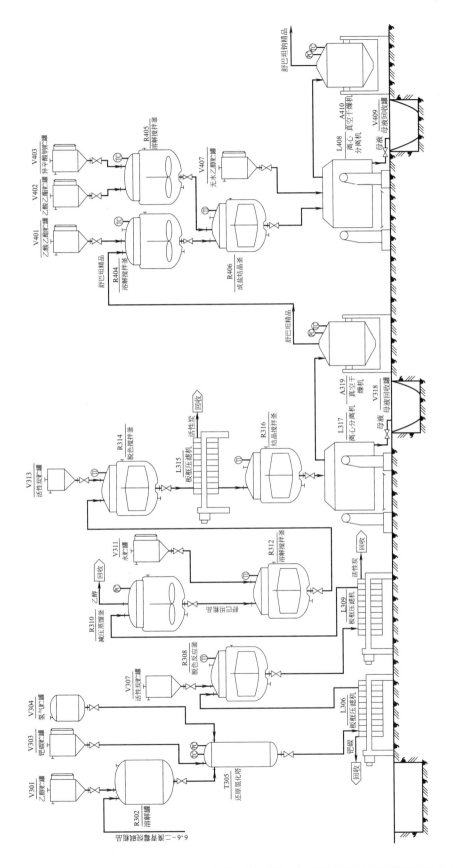

二、头孢曲松钠制备工艺流程图

1. 第一步：7-氨基头孢三嗪（7-ACT）的制备

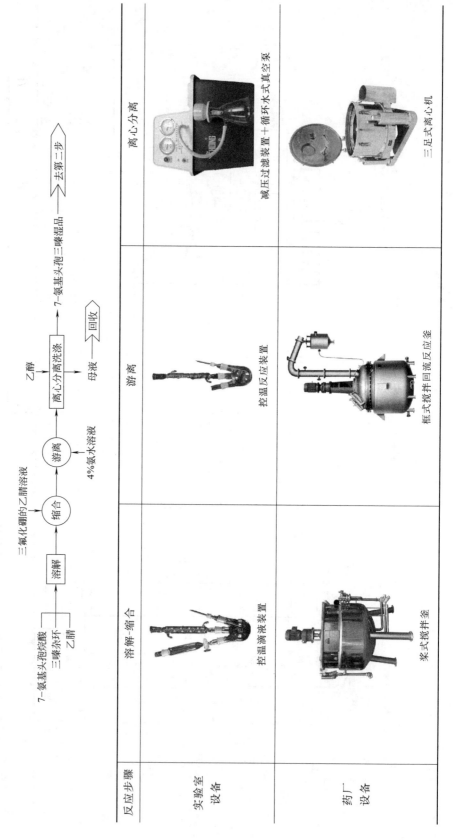

流程图：

7-氨基头孢烷酸、三嗪杂环、乙腈 → 溶解 → 缩合（三氟化硼的乙腈溶液）→ 游离（4%氨水溶液）→ 离心分离洗涤（乙醇；母液→回收）→ 7-氨基头孢三嗪晶品 → 去第二步

反应步骤	溶解-缩合	游离	离心分离
实验室设备	控温滴液装置	控温反应装置	减压过滤装置＋循环水式真空泵
药厂设备	浆式搅拌釜	框式搅拌回流反应釜	三足式离心机

2. 第二步：头孢曲松钠粗品的制备

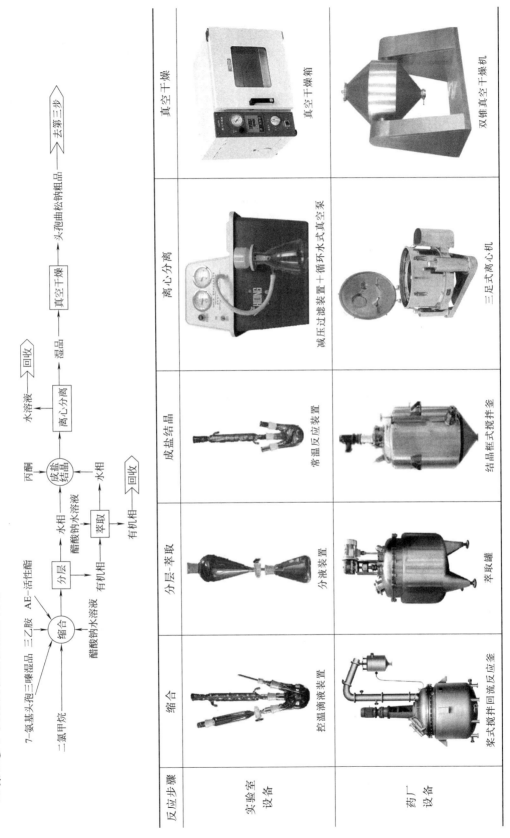

反应步骤	缩合	分层-萃取	成盐结晶	离心分离	真空干燥
实验室设备	控温滴液装置	分液装置	常温反应装置	减压过滤装置+循环水式真空泵	真空干燥箱
药厂设备	浆式搅拌回流反应釜	萃取罐	结晶框式搅拌釜	三足式离心机	双锥真空干燥机

3. 第三步：头孢曲松钠精品的制备（精制）

头孢曲松钠粗品 → 溶解 → 脱色 → 粗滤 → 精滤 → 结晶 → 离心过滤 → 真空干燥 → 头孢曲松钠精品

丙酮水溶液 ↑ 溶解
活性炭 ↓ 脱色
活性炭 ↓ 粗滤
杂质 ↓ 精滤
丙酮 ↓ 结晶
丙酮 ↓ 离心过滤

回收（废罐）
回收
回收

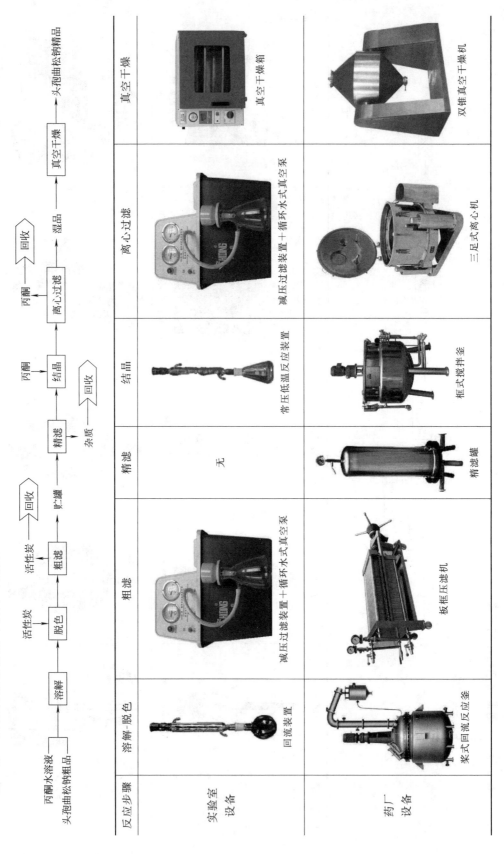

反应步骤	溶解·脱色	粗滤	精滤	结晶	离心过滤	真空干燥
实验室设备	回流装置	减压过滤装置＋循环水式真空泵	无	常压低温反应装置	减压过滤装置＋循环水式真空泵	真空干燥箱
药厂设备	浆式回流反应釜	板框压滤机	精滤罐	框式搅拌釜	三足式离心机	双锥真空干燥机

4. 头孢曲松钠带控制点工艺流程图

第一、二步：

V101 7-氨基头孢酸贮罐
V102 三嗪环贮罐
V103 乙腈贮罐
V105 三氟化硼乙腈溶液贮罐
R104 溶解罐
R106 缩合搅拌釜
V107 4%氨水贮罐
R108 游离搅拌釜
L110 离心分离洗涤机
V109 乙醇贮罐
V111 母液母液回收罐

V201 三氯甲烷贮罐
V202 乙醇贮罐
V203 三乙胺贮罐
V204 AE-活性酯贮罐
V205 醋酸钠贮罐
R206 缩合搅拌釜
R207 静置分层罐
7-氨基头孢三嗪环酸
V209 醋酸钠贮罐
V211 丙酮贮罐
R210 萃取搅拌釜
R208 成盐搅拌釜
L213 离心分离机
V212 有机相回收罐
V214 水溶液回收罐
A215 真空干燥机

有机相
水相
有机相
水相
水相
水溶液
湿品
头孢曲松钠粗品

第三步：

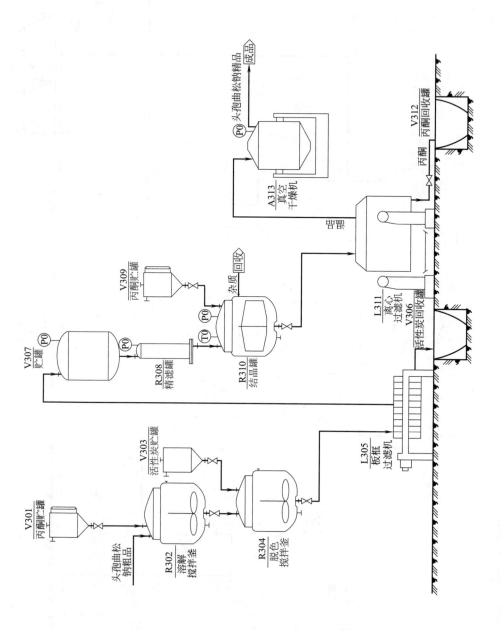

药厂常见设备

药厂实际生产中使用的设备种类繁多，其中既包括通用机械设备，也包括一些典型化工设备。本章主要以一些药厂常用设备为例，如动力设备、搅拌设备、反应设备、换热设备、结晶设备、装贮计量设备、分离设备等，对其结构、原理等进行简单介绍。

第一节　物料输送设备

一、固体物料输送

固体制剂至少需要以下几个物料的输送过程：前处理工序、制造工序（即造粒）、总混合工序、成型工序、包装工序。

物料输送方式是衡量药厂硬件条件优劣、判断药厂在实施 GMP 生产过程中是否达到真实效果的标准之一。

1. 固体制剂物料输送方式的改变和发展

（1）真空抽料、高位移动加料

国内某一药厂的压片车间，采用真空抽料、高位移动加料方法对一间房间内安放的 4 台压片机进行自动加料，其自动加料的示意如图 5-1 所示。

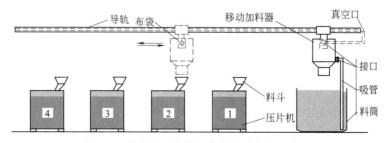

图 5-1　某种真空抽料、高位移动加料示意图

（2）物料筒加盖提升翻转后，移动至高位下料

这种加料方法是在 20 世纪 80 年代初国内某药厂出现的，其总体思维也被沿用到现今的制药企业中。其工作原理如图 5-2 所示。

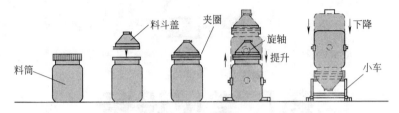

图 5-2　物料筒加盖提升翻转后移位至高位下料原理示意图

（3）包衣液管道式输送

20 世纪 70 年代末与 80 年代初，国内正式制成了全自动喷雾-管道输送包衣材料系统，该系统由程序控制器控制 4 台自动包衣机，利用喷雾泵输入包衣辅料，其原理如图 5-3 所示。

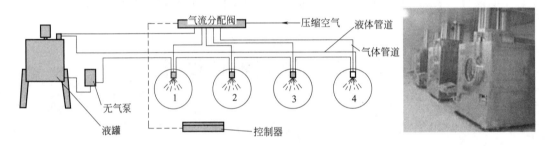

图 5-3　包衣液管道式输送示意图

（4）片剂桶提升、翻转加料

在盛满片剂（素片或包衣片）的桶上加盖，提升后翻转 180°。当桶口朝上，并且桶口高度已超过加料斗的高度，再旋转移至料口上方时再打开盖口，药片即从桶中落下。由于桶盖中间有一个布袋，故物料不会满出。

2.新型固体制剂物料输送技术与设备

（1）固体物料配方自动投料系统

制药生产中按处方配比进行原、辅料投入，并均匀混合后进行制造工艺。一般情况下，是由人工按处方配比称量原、辅料后，逐一加入到某一容器中。

当某一药物具有常线的生产量，且原辅材料量较大时，可以采用一种自动称量投料的系统来实现全自动化投料。操作工人可以在不接触药物的情况下完成任务，避免了药物的吸入，实现自动化生产。该系统的示意如图 5-4 所示。

物料（原、辅料）首先由主料筒通过加料器加入，当加至接近的质量时即停止，然后由自动称量器接着补充直至加到设定的量。一般该系统设置成上、下两层，每一物料预先设置好一个料孔，物料通过料孔下落，下层的容器筒实现可控制的自动移动定位系统，逐一地对准下料孔接受物料，每一次物料下完后，由控制系统发出信号，移至下一位置，直

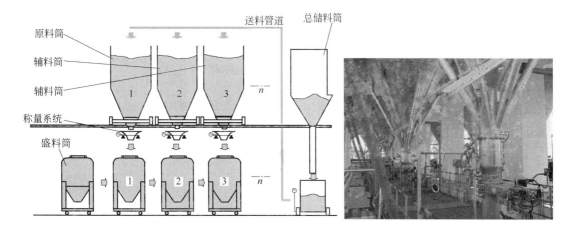

图 5-4 固体物料自动投料系统

至全部受料完毕。此后，料筒可直接送至混合机中进行干粉混合，混合均匀后，既可从高位进入制粒工序的制粒设备中。

（2）制粒工序物料输送

制粒工序物料形态变化是由多组分的干燥粉末变为均匀的干燥颗粒，制造工艺为"湿法快速制粒→干燥→整粒→进入总混合"或者是"沸腾制粒→整粒→总混合"。以湿法制粒为例，比较先进的物料输送方法有以下两种。

① 真空抽料或高位加料进入湿法制粒机→出料后进入移动容器内，推至干燥器中进行干燥→干燥后容器移出加盖，夹紧后进行提升与翻转→在高位打开出料口，物料经整粒后进入总混料筒→将料筒推至总混机上进行旋转混合，直至均匀后停机待用。如图 5-5 所示。

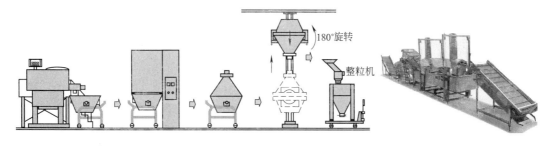

图 5-5 制粒工序物料输送方式（一）

② 湿法制粒机与干燥机、干燥机与整粒机用管道相连，湿法制粒机所制得湿粒经整粒出料，因干燥机的负压作用，将其吸入并进行干燥。干燥后的颗粒，由真空罐从下方吸入至上方，下落后经整粒机整粒，并进入到总混料筒中。如图 5-6 所示。

（3）高位物料输送

采用高位物料输送可以使物料处于密闭的状态，省却大量的劳动力。如图 5-7 所示。

物料筒可以是一个大的总混料筒，从上层进入电梯（通过缓冲间）往下进入中间夹

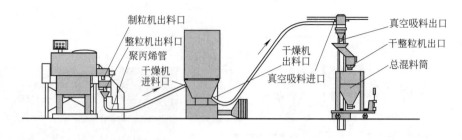

图 5-6　制粒工序物料输送方式（二）

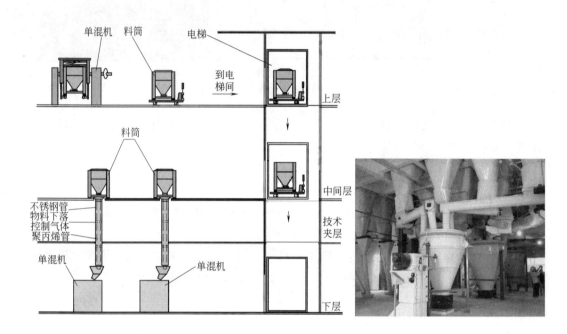

图 5-7　物料高位输送示意图

层，出电梯后（通过缓冲间）可以进入规定的位置，此位置处有下料机构，对应于下层的相应设备（即压片机，充填机或颗粒包装机的加料斗），物料筒到位的过程可以是人工液压机推行。高位自动物料输送的方式适用于产品量大，规模化生产的企业，可进一步实现全自动的全封闭的物料输送，符合 GMP 生产和现代化制药生产的要求。

二、气体物料输送

气力输送工程技术是一项综合技术，涉及流体力学、材料科学、自动化技术、制造技术等领域，是适合颗粒散料气力输送的一种先进技术。

气力输送是清洁生产的一个重要环节，它是以密封式输送管道代替传统的机械输送物料的一种工艺过程，具有以下特点：全封闭型管道输送系统、布置灵活、无二次污染、高效节能、便于物料输送和回收、无泄漏输送、自动化程度高。

气力输送按输送相形式分类见表 5-1。

表 5-1　气力输送相分类

例图	分类	用途
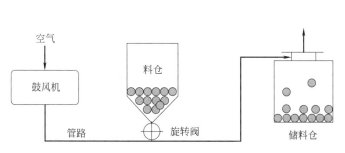	固相流	非常低的流速,管道充满物料。特别适用于输送易碎物料
	非连续密相	低流速,管道荷料能力高,物料以栓流运动。应用广泛:能耗小,管道磨损小,物料级小
	连续密相	流速介于非连续密相流和稀相流之间。适用于易流化的物料
	稀相流	流速高于悬浮速度,甚至更高;经济性差。不适用易碎、磨琢性及大粒度分布的物料

气力输送系统按工作压力类型分:正压、负压、正负压组合系统。正压气力输送系统一般工作压力为 $50 \sim 200kPa$,负压气力输送系统一般工作压力为 $-70 \sim -40kPa$。

正压输送系统是以压缩空气把大量物料输送至较远距离的一种节能高效的输送方式。其气源采用双级高压罗茨鼓风机组。根据输送物料和布置形式的不同,需要进行严格的气力输送计算。正压系统有多种不同形式的输送方式。其方式为:通过星形旋转供料器的给料方式,将排入管道中的物料输入储料库。如图 5-8 所示。

图 5-8　正压吹送系统

组合的负压/正压输送系统由负压系统将近距离的多点物料输送到集料斗中,再由集料斗下部设置的旋转供料器将物料输入储料库或其他接收点。如图 5-9 所示。

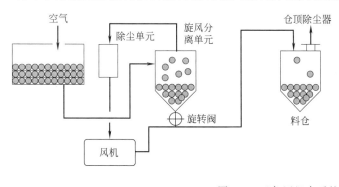

图 5-9　正负压组合系统

三、液体物料输送

本节内容详见 27 页"计量罐",此处略。

第二节　换热器

药厂常见的换热器分为夹套式换热器、管式换热器、板式换热器三种。其中，管式换热器分为列管式换热器、蛇管（盘管）式换热器、套管式换热器等；板式换热器通常分为板式换热器、螺旋板式换热器等。

一、夹套式换热器

夹套式换热器是容器或管外加一夹套，夹套内形成封闭空间，加入换热介质的换热设备。蒸汽加热时，蒸汽从上部进入；冷凝时，则冷凝液从下部进入。如图 5-10 所示。

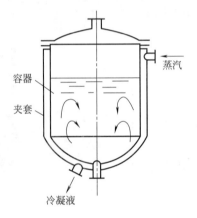

图 5-10　夹套式换热器示意图

这种换热器结构简单，占地面积小，价格低廉。但传热效率低、不易清洗，只用于换热负荷不大，换热介质清洁的场合。

二、列管式换热器

列管式换热器又称管壳式换热器，它主要由外壳、管板、管束、封头等组成。列管式换热器的工作原理为：一种流体由封头连接管进入管内，另一种流体在壳体内管间流动。管束的表面积就是换热面积。流体的流动速度、换热面积、管束的材质对列管式换热器换热效率有影响。可通过加隔板、折流挡板、热补偿等方式提高列管式换热器的换热效率。图 5-11 为几种列管式换热器的示意图。

通常将管内物料通道称为管程，壳内、管外物料通道称为壳程，管程和壳程都可以分为单程或多程。据此列管式换热器又可分为：管程单程、壳程多程；管程多程、壳程单程；管程壳程均为多程等。

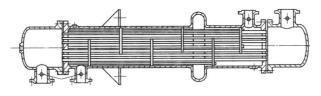

(a) 固定板换热器

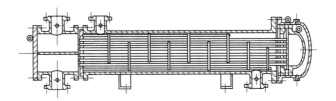

(b) 内浮头换热器(带有浮动勾圈)

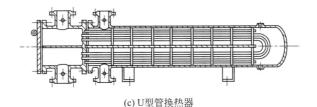

(c) U型管换热器

图 5-11　几种列管式换热器的示意图

三、螺旋板式换热器

螺旋板式换热器是由焊有定距离管的两块比较细长的金属板，环绕螺旋形心轴绕制，对两种流体形成螺旋形通道，如图 5-12 所示。

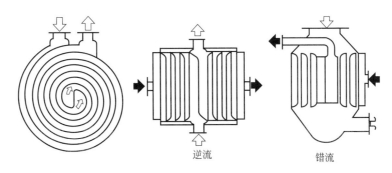

逆流　　　　　错流

图 5-12　螺旋板式换热器流体流动（双流体，逆流）的示意图

基本的螺旋形元件可以在通道的两侧采用焊接密封，也可以用端盖加填料密封，可使两种流体成螺旋逆流，也可使一种流体做螺旋流动，另一种流体做横向流动或横向与螺旋相结合的流动。整个装配的零件被封装在一个圆柱形外壳中。

螺旋板式换热器传热系数高，同等条件下，较管壳式换热器的传热系数高 20％左右；较容易地处理黏性的、结垢的液体和料浆，结垢速率要比管壳式换热器低；结构紧凑，不用管材，内部无效容积较少。但尺寸和操作压力受到一定的限制，阻力较大，检修和清洗困难。

第三节　加热反应器

在加压条件下操作的反应设备，其能承受压力的大小，既要参考在反应过程中高挥发性组分在反应温度下的饱和蒸气压，又要参考加热介质的压力。

大多数加压反应过程是放热反应，但由于反应温度高（150～350℃），因此在反应过程进行中无需使反应混合物冷却，一般不需要强烈的传热。加压反应过程所必需进行的迅速冷却依靠"降压"来实现，即降压时由未参加反应的挥发组分的蒸发而使物料获得迅速冷却，因此，加压反应设备一般都不具有大的传热面积。为满足不同反应温度的要求，常需采用不同的加热剂。

工业上对加压反应过程的实现通常采用压热锅、蛇管式或列管式设备，及一些涉及能在加压下操作的特殊反应器。由于物料物理化学性质的多样性，需采用各种不同材料制造加压反应设备。

通常把能在压力超过 6×10^5 Pa 以上条件下操作的各种反应设备称为压热锅。其制造材料主要是不锈钢及各种容器钢，在操作压力不太大或常压时，也可由钢板焊接或铆接制成。

一、压热锅

压热锅是一种用铸钢铸造的锅状设备，形状与釜式反应器相似。压热锅通常是立式的，具有球面形的底和盖。它具有一些特殊结构的零件，如密气装置、突缘的结合及突缘间的密气衬垫。当压热锅需要安装搅拌装置时，就应在压热锅上配备密气装置，此装置是压热锅的最主要零件之一。水解、氨解、硫化等反应过程所用具有搅拌装置的压热锅如图5-13 所示。

二、衬套

当锅内所处理物料有腐蚀作用时，需在压热锅锅内装有衬套（内胆），用来保护锅的内壁不受反应物料的腐蚀作用。衬套也是一种钢或铸铁制造的容器，内表面上再覆盖一种金属或搪瓷，其形状完全与所衬垫的压热锅形状相同。衬套外侧的突出物是用来准确地将衬套安置在压热锅内，使它的轴线严格地配合压热锅的轴线，如图5-14 中的 a。衬套内侧突出的抓钩是在安装衬套或从压热锅中起出衬套时使用，如图5-14 中的 b。压热锅衬套及内部装有衬套的压热锅的示意图如图5-14 和图5-15 所示。

在衬套外壁与压热锅内壁间有间距为 15～25mm 的空隙，在其中填设易熔化的金属如铅、镁、锡的合金，以便于传热。

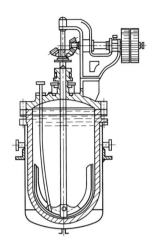

图 5-13　具有搅拌装置的压热锅

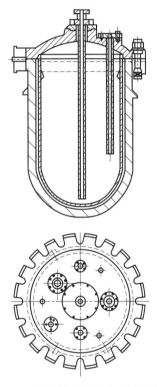

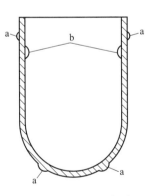

图 5-14　压热锅的衬套　　　　　图 5-15　具有衬套的压热锅的示意图

三、密气装置

密气装置可分为单式密气装置和双式密气装置两种类型。

单式密气装置是在 $(1\sim15)\times10^6$ Pa 下使用，构造上与普通反应锅上的密气装置相同。单式密气装置的示意图见图 5-16。

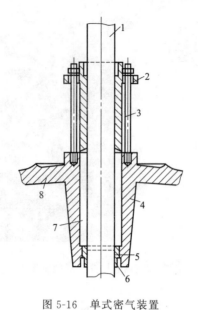

图 5-16　单式密气装置

1—搅拌器轴；2—密气轴套；3—拉紧螺栓；4—垫料函；5—底轴衬；6—定向螺钉；

7—垫料所填充的空间；8—压热锅盖和垫料函

　　单式密气装置具有高度相当大的垫料空间，若在普通釜式反应器的密气装置中，垫料空间高度为搅拌器轴直径的 1.5 倍，因此在压热锅的单式密气装置中，垫料空间高度为直径的 2～3 倍。垫料函与压热锅盖可连成一体，如图 5-16 中 8 所示，也可做成分开形式，借铆钉或焊接固定在压热锅盖上。

　　双式密气装置是在更高的压力下使用，一般做成可以加以冷却的。双式可冷却的密气装置如图 5-17 所示。

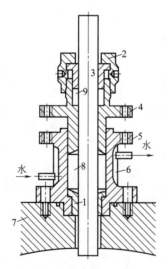

图 5-17　双式可冷却的密气装置

1—底轴衬；2,4—密气轴套；3—搅拌器轴；5—垫料函；6—冷却夹套；

7—压热锅盖；8,9—垫料空隙

在构造上可看成是由一对单式密气装置一个接一个地结合起来的形式，有装着冷却夹套 6 的垫料函，下部密气轴套 4 用螺栓固定在垫料函上，用螺栓压紧垫料，搅拌器轴 3 用螺帽固定在下面的密气轴套 4 上，并以此压紧用垫料充填的垫料空隙 9 和 8。当密气轴套拧紧时，即被压紧，防止气体或蒸汽从设备中通过密气装置泄露，以保证更可靠的密气程度。为便于安装冷却配件，冷却式密气装置的垫料函大多数在设备盖子之上。

压热锅密气装置中可使用的垫料是麻絮、棉纤维材料、石棉、皮革、金属圈等。在垫料函有冷却的条件下，金属圈与皮革圈做垫圈更有效。当密气轴套向垫圈压紧时，垫圈压向搅拌器轴和垫料函内壁，便保证了良好的密气效果。

第四节　搅拌反应设备

一、概述

搅拌设备通常用来完成制药生产过程中设备与物料的传热及物料间的传热、传质及混合操作。混合操作是指使物相不相同的两种或两种以上物料产生均匀分布，或指旨在消除均相物料中温度差或浓度差的操作。

搅拌操作可提高传热效率并使传热过程稳定、物料受热（受冷）均匀；可提高传质速率，加快反应速度、提高产物收率；可提升混合效果，即使多种固体物料实现总体均匀、使多种液体物料实现接近分子尺度的互溶、使固液混合物料实现完全溶解或均匀分散。

在制药生产中，为了改善某些产品的性能，往往加入不同的添加剂，如在脱色操作中常加入脱色剂活性炭；为确保生产过程的实现，需采用不同的搅拌器和搅拌转速，如在结晶操作中，为确保结晶析出率及物料的排放，需选用锚式、框式搅拌器等，并采用低速搅拌，既保证了晶核的形成又保证了晶体始终处于悬浮状态，可同时实现较高的产率及物料的输送。使用搅拌还能促进液体与容器壁之间的传热并防止物料的局部过热。

由于混合原料的理化性质不同，对混合产物的要求不同，混合操作中需采用不同类型的混合设备。

二、搅拌设备的主要部件

搅拌槽为装盛、混合液体的容器，由槽体与搅拌器组成。槽体可采用夹套式换热方式，用于物料的加热或冷却。搅拌器由搅拌轴、电机、减速器及搅拌叶（或称叶轮）组成。辅助部件包括密封装置、支架、槽壁上的挡板等。其中轴向流搅拌器及大搅拌叶径向流搅拌器一般多用于黏度较低的物料，而其他径向流搅拌器多用于黏度较高的物料。

采用径向流搅拌器的搅拌槽，槽体多加挡板，将周向流转变为轴向流和径向流，以提高搅拌效果。

在搅拌系统中，主要运动部件为搅拌器，其消耗功率取决于叶轮的形状、尺寸、转速，被搅拌物料的黏度、属性，以及搅拌槽的形状、尺寸和结构（有无安装挡板）等因素。

图 5-18 所示为生产中用到的一个典型的搅拌器装置。

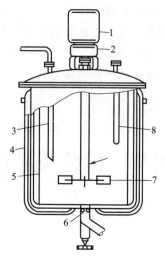

图 5-18　典型搅拌器装置

1—电动机；2—减速器；3—插入管；4—夹套；5—挡板；6—排放阀；7—推动器；8—温度计套

三、搅拌器

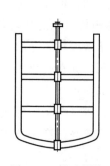

图 5-19　锚式搅拌
桨叶轮

搅拌器的选择通常依照物料的黏度，对于低黏度物料常采用轴向流搅拌器，如螺旋桨式、斜桨式、斜叶涡轮式等，也可采用大搅拌叶的径向流搅拌器，如桨式搅拌器；对于中等黏度的物料，常采用径向流搅拌器，如锚式、框式、涡轮式等；对于高黏度的物料，常采用搅拌直径较小的锚式、框式搅拌器，甚至采用锯齿式搅拌器。

常用的锚式搅拌桨叶轮、涡轮式叶轮、螺旋桨式叶轮分别见图 5-19、图 5-20 和图 5-21。

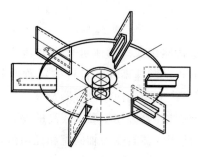

图 5-20　涡轮式叶轮

图 5-21　螺旋桨式叶轮

四、叶轮

搅拌器可混合液体或固液混合物料，搅拌过程中起关键作用的部件为搅拌器端部的叶轮。叶轮通过其自身的旋转把机械能传送给液体，使叶轮附近区域的流体形成高度的湍动，同时所产生的高速射流可推动槽内物料做轴向、径向及圆周方向的运动。物料沿搅拌轴方向的流动被称为轴向流，而沿搅拌叶直径方向的流动被称为径向流，而沿槽体圆周方向的流动被称为周向流。其中，轴向流的混合效果最好，径向流的混合效果次之，周向流的混合在搅拌转速达到恒定时，不仅没有搅拌效果，还会引起分离，如密度不同液体间的分层（打旋）、悬浮液物料中的固体沉淀等。在采用轴向流搅拌器的搅拌槽中，周向流影响不大，而在采用径向流搅拌器的搅拌槽中，操作时易产生明显的周向流。这就是在采用径向流搅拌器的搅拌槽中，加装挡板以将其周向流转变成径向流和轴向流的原因。轴向流与径向流的物料流向如图 5-22 所示。

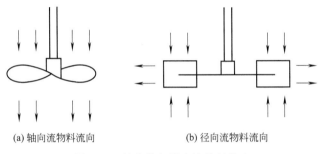

(a) 轴向流物料流向　　　　　　　　(b) 径向流物料流向

图 5-22　轴向流与径向流物料流向

1. 轴向流叶轮

轴向流叶轮的叶片与叶轮旋转平面间夹角大于 0°小于 90°。最常用的轴向流叶轮是螺旋桨，有三个叶片，叶片的螺距（桨旋转一周把液体在轴向上推进的距离）与叶轮直径相等。当叶轮到器底的距离与轮径 D 比为 $0.25 \sim 1$ 时，叶轮造成的循环流可冲刷全部垂直方向上的换热表面。叶轮对于混合的有效作用主要取决于叶轮的排液量，若能使外加机械能造成更大的排液量，便可提高叶轮的效率。此效率与叶片在半径等于叶轮半径的圆柱面上的投影面积有关，按此原理设计的新型轴向流叶轮见图 5-23。

螺旋桨直径小、转速高、产生的循环量大，且可与电动机直接连接，省去减速装置，从而降低了成本。

2. 径向流叶轮

径向流叶轮的叶片与叶轮旋转平面间夹角为 90°，叶片对流体施以径向离心力，液体在此离心力的作用下沿叶轮的半径方向流出并在槽内循环。典型的径向流叶轮的叶片与叶轮旋转平面垂直，如涡轮，多为装在一个圆盘上的六平叶片式涡轮，其缺点是水平圆盘阻断了从槽底到槽顶的翻转流动。在轮壳上直接装叶片的涡轮，可产生一定的轴向流动，但增大了能耗。在轮壳上装有弯叶片的涡轮，因弯叶片有利于在液体中的滑动，所耗功率较少。两种常用的径向流叶轮见图 5-24。

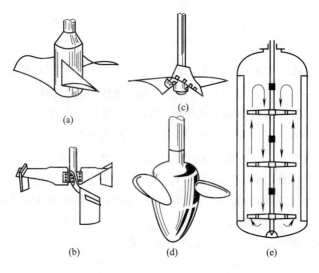

图 5-23　新型轴向流叶轮

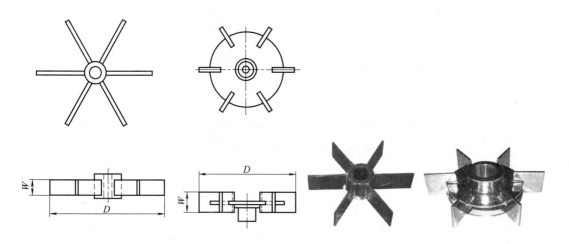

图 5-24　两种常用的径向流叶轮

涡轮搅拌器可用于较宽的黏度范围，对于黏度 50Pa·s 以下的物料均可产生良好的搅拌作用，搅拌效果优于螺旋桨。特别适用于不互溶物料的分散、气体的溶解、固体的溶解以及固体在溶剂中的悬浮，溶解中的反应和传热等。

比较两种叶轮可以发现，对于浅槽来说，径向流叶轮比轴向流叶轮将物料送得远。同时，当叶轮到器底的距离小于 30% 轮径 D 时，由于轴向流叶轮的排出流垂直于槽底，受到背压反射的影响，降低了叶轮的效率，且引起轴的振动，因此宜用径向流叶轮。当使用锥形反应器时，轴向流叶轮易在锥形顶角造成死角，而采用径向流叶轮却可将此处物料升举。在连续进出料时，采用径向流叶轮，也可减小物料在槽内短路通过的现象。

3. 平桨

平桨属于径向流叶轮。其结构简单，一般叶片数为 2～4 片，排送物料能力低。为提高排量，需加大叶片宽度和长度，典型的叶片长为器径的 50%～80%，宽长比为 1/10～1/4。

叶片推动物料在沿半径方向和垂直半径方向上的运功，所造成的轴向混合作用小。由于叶片长度大和叶轮转速小，则对流体的剪切作用弱，多用于固体溶解、结晶或沉降等搅拌操作中及排料过程中不停止搅拌的场合。图 5-25 是一种平桨叶轮。

图 5-25　平桨叶轮

4. 高剪切叶轮

高剪切叶轮是径向流叶轮的一种特殊形式。搅拌效果主要由叶轮造成的流体剪应力大小决定，与液体循环量无关。它主要用于乳化、气体在液体中分散和高黏度液体的混合操作。几种高剪切叶轮见图 5-26。

图 5-27 为几种常见的搅拌叶轮。

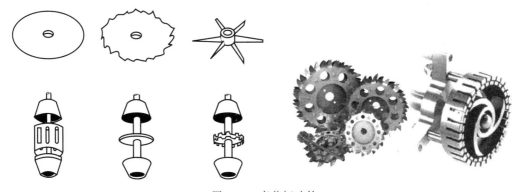

图 5-26　高剪切叶轮

五、挡板

当搅拌器置于容器中心，且搅拌黏度不高的物料时，只要叶轮旋转速度足够高，物料便会在离心力的作用下形成漩涡。叶轮转速越大，漩涡深度越深，此时便不发生轴向的混合作用，且当物料是多相系统时，还会发生分层或分离，甚至产生从表面吸入气体的现象，使被搅拌物料的表观密度和搅拌效率降低，加剧了搅拌器的振动，因此必须制止这种打旋现象的产生。

消除打旋的办法是在槽内装设挡板，使周向流动变为轴向和径向流动，增大物料湍流的程度、改善搅拌效果。

对于低黏度液体的搅拌，可将挡板垂直纵向地安装在搅拌器的内壁上，挡板宽度一般为容器直径的 1/10，四块均布。对于中等黏度液体的搅拌，挡板与器壁可间距 0.1~0.15 板宽，其值在 0.025~0.075m 之间，用以防止固体在挡板后的积聚和形成停滞区。对于高黏度液体，可将挡板离开器壁并与壁面倾斜放置。

(a) 高效轴流叶轮1　　　(b) 高效轴流叶轮2　　　(c) 高效轴流叶轮3　　　(d) 六叶涡轮

(e) 锚式搅拌叶　　　(f) 折叶式叶轮1　　　(g) 折叶式叶轮2　　　(h) 双螺带叶轮

(i) 四叶折叶浆　　　(j) 带刮板的框式搅拌机　　　(k) 锚式搅拌叶轮

图 5-27　几种常见的搅拌叶轮

　　挡板的上端伸出液面，下端伸到器底。对锥形器底，当使用径向流叶轮时，若叶轮位置较低，需把挡板伸到锥形部分，宽度减半。安装的方式见图 5-28。

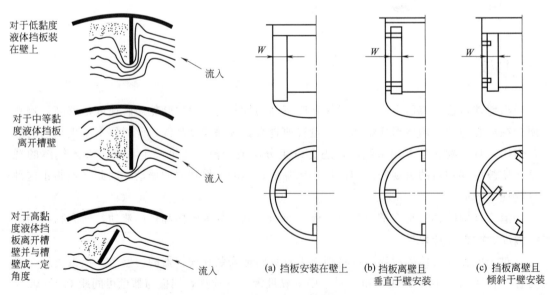

对于低黏度液体挡板装在壁上　　　流入

对于中等黏度液体挡板离开槽壁　　　流入

对于高黏度液体挡板离开槽壁并与槽壁成一定角度　　　流入

(a) 挡板安装在壁上　　　(b) 挡板离壁且垂直于壁安装　　　(c) 挡板离壁且倾斜于壁安装

图 5-28　挡板安装的方式

由于物料的黏性力可抑制打旋，因此当物料的黏度在 5～12Pa·s 范围时，可减少挡板宽度；当黏度＞12Pa·s 后，便无需安装挡板。在离心萃取、冷却式结晶中常采用有盖无挡板的封闭式搅拌。

第五节　结晶器

一、工业结晶方法

溶液结晶是指晶体从溶液中析出的过程。按照结晶过程中过饱和度形成的方式，可将溶液结晶分为两大类：移除部分溶剂的结晶和不移除溶剂的结晶。

1.移除部分溶剂的结晶

此种方法利用减少溶剂的方式获得过饱和溶液，过程设备类似蒸发器。该法适用于将溶液浓缩获得结晶的场合，如在抗生素制备过程中，从制霉菌素乙醇抽提液中蒸出乙醇，以获得抗生素结晶。此外，真空冷却结晶法兼有蒸发结晶和冷却结晶共有的特点，适用于具有中等溶解度物系的结晶，如 KCl、MgBr 等。

2.不移除溶剂的结晶

此种方法利用溶剂在不同温度下对溶质溶解度的不同获得过饱和溶液，过程设备类似反应器。该法适用于其他方法获得结晶的场合，如将红霉素萃取液冷冻获得红霉素结晶。在抗生素生产中还可用加入某些化学反应剂（如在土霉素酸性溶液中加入氨水）和加入第二种溶剂（如在卡那霉素洗脱液中加入乙醇）的方法获得结晶。由于结晶过程中，一般均需改变溶液的温度，故结晶设备均附有热交换装置，同时一般还附有机械搅拌或泵，以促进溶液流动，也有助于使晶核能悬浮在溶液中而获得大小均匀的晶体。

此外，也可按照操作连续与否，将结晶操作分为间歇式和连续式，或分为搅拌式和无搅拌式等。

本书重点介绍第二种方法。

二、不移除溶剂的结晶器（冷却结晶器）

冷却结晶器的类型很多，目前应用较广的是间接换热釜式结晶器，其中图 5-29 为内循环釜式冷却结晶，图 5-30 为外循环釜式冷却结晶。冷却结晶过程所需冷量由夹套或外部换热器提供。内循环式结晶器由于换热面积的限制，换热量不能太大。而外循环式结晶器通过外部换热器传热，由于溶液的强制循环，传热系数较大，还可根据需要加大换热面积。但必须选用合适的循环泵，以避免悬浮晶体的磨损破碎。这两种结晶器可连续操作，亦可间歇操作。

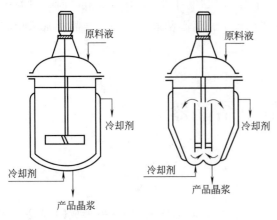

图 5-29　内循环釜式冷却结晶器

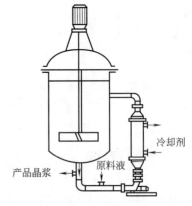

图 5-30　外循环釜式冷却结晶器

间歇换热冷却的缺点在于冷却表面结垢及结垢导致的换热效率下降。为克服这一缺点，有时可采用直接接触式冷却结晶，即直接将冷却介质与结晶溶液混合。常用的冷却介质是惰性的液态烃类，如乙烯、氟利昂等。但应注意，采用这种操作时，冷却介质必须对结晶产品不污染，不能与结晶溶液中的溶剂互溶或者虽不互溶但难于分离。这类结晶器有釜式、回转式及湿壁塔式等种类型。

此外，还有许多其他类型的冷却结晶器，如摇篮式结晶器、长槽搅拌式连续结晶器以及克里斯托（Krystal）冷却结晶器等。

第六节　固液分离设备

固液分离设备是用来进行过滤分离固体和液体的设备或者装置，通常称为过滤器。

制药工业生产中，常见的过滤器按照操作压力可分为常压过滤、加压过滤、真空过滤设备等。实际生产中，常采用加压过滤，包括离心加压过滤和机械加压过滤。

一、三足式离心机

三足式离心机是典型的离心加压过滤器，又称三足离心机，因为底部支撑为三个柱脚，以等分三角形的方式排列而得名。三足离心机是一种固液分离设备，主要是将液体中的固体分离除去或将固体中的液体分离除去。

三足式离心机按照不同的标准有不同的分类。按出料方式分为：三足式上卸料离心机、三足式下卸料离心机。按照按构造特点分为：普通三足式离心机、刮刀三足式离心机、吊袋三足式离心机。按照按工作原理分为：三足式过滤离心机、三足式沉降离心机。图 5-31 是两种三足式离心机外观图，图 5-32 是三足式离心机结构示意图。

图 5-31　三足式离心机外观图

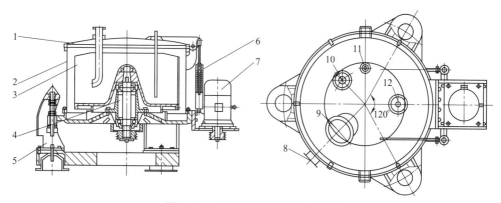

图 5-32　三足式离心机结构示意图

1—外壳盖；2—外壳；3—转鼓；4—传动；5—地盘；6—平衡缸；7—电机；

8—出液管；9—视镜；10—加料管；11—洗涤管；12—防爆灯

二、板框式压滤机

　　板框式压滤机是典型的机械加压过滤器，是很成熟的脱水设备，在欧美污泥脱水项目上应用很多。

　　板框式压滤机主要由固定板、滤框、滤板、压紧板和压紧装置组成，外观与厢式压滤机相似。制造板、框的材料有金属、木材、工程塑料和橡胶等，并有各种形式的滤板表面槽作为排液通路，滤框是中空的。多块滤板、滤框交替排列，板和框间夹过滤介质（如滤布），滤框和滤板通过两个支耳，架在水平的两个平等横梁上，一端是固定板，另一端的压紧板在工作时通过压紧装置压紧或拉开。压滤机通过在板和框角上的通道或板与框两侧伸出的挂耳通道加料和排出滤液。滤液的排出方式分明流和暗流两种，在过滤过程中，滤饼在框内集聚。一般板框式压滤机的工作压力为 0.3～0.5MPa，而压滤机工作压力为 1～2MPa。

　　板框式压滤机结构较简单，操作容易，运行稳定，保养方便；过滤面积选择范围灵活，占地少；对物料适应性强，适用于各种中小型污泥脱水处理的场合。板框式压滤机的不足之处在于，滤框给料口容易堵塞，滤饼不易取出，不能连续运行，处理量小，工作压力低，普通材质方板不耐压、易破板，滤布消耗大，板框很难做到无人值守，滤布常常需要人工清理。图 5-33 是板框式压滤机外观图，图 5-34 是板框压滤机结构示意图。

图 5-33　板框式压滤机外观图

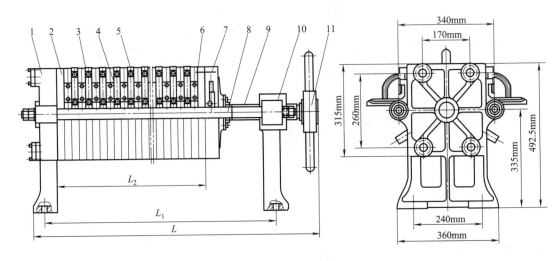

图 5-34　板框式压滤机结构示意图
1—止推板；2—头板；3—滤板；4—滤布；5—滤框；6—尾板；7—压紧板；
8—横梁；9—螺杆；10—前支架；11—手轮

第七节　干燥机

干燥机是一种通过加热使物料中的湿分（一般指水分或其他可挥发性液体成分）汽化，并借助干燥介质（如空气、真空等）加以去除的设备，用以获得规定湿含量的固体物料，其目的是为了使物料满足下一步工序的需要。

用于进行干燥操作的设备类型很多，根据操作压力可分为常压干燥机和减压干燥机

（减压干燥机也称真空干燥机）。根据操作方法可分为间歇式干燥机和连续式干燥机。根据干燥介质可分为空气干燥机、烟道气干燥机或其他干燥介质干燥机。根据物料运动（物料移动和干燥介质流动）方式可分为并流干燥机、逆流干燥机和错流干燥机。

真空干燥机借助真空降低空间的湿分蒸汽分压、加大传质推动力，从而加快干燥过程，可使物料在较低温度下实现干燥过程，适用于干燥热敏性、湿敏性、易氧化物料，或可用于操作中容易产生有害气体的场合，是药厂中常用的干燥设备，如冻干机等。

一、单锥真空干燥机

单锥真空干燥机为单锥形的回转罐体。在罐内为真空状态时，向夹套内通入蒸汽或热水进行加热，热量通过罐体内壁与湿物料接触，湿物料吸热后蒸发的水汽，通过真空泵经真空排气管被抽走。由于罐体内处于真空状态，且罐体的回转使物料不断上下、内外翻动，所以加快了物料的干燥速度，提高了干燥效率，达到均匀干燥的目的。图 5-35 是一种单锥真空干燥机的外观和内部结构示意图。

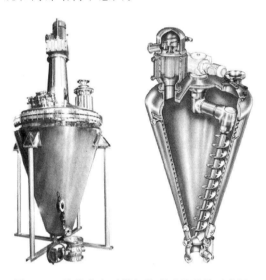

图 5-35　单锥真空干燥机外形及其结构示意图

二、双锥回转真空干燥机

双锥回转真空干燥机是集混合-干燥于一体的新型干燥机，它是将冷凝器、真空泵与干燥机配套，组成真空干燥装置。如不需回收溶剂，冷凝器可以不用。内部结构简单，清扫容易，物料能全部排出，操作简便。该设备能降低劳动强度，改善工作环境。同时因容器本身回转物料时物料亦转动但容器上不积料，故传热系数较高，干燥速度大，不仅节约能源，而且物料干燥均匀充分，质量好。可广泛应用于制药、化工、食品、染料等行业物料的干燥。符合药品管理规范 GMP 的要求。

如图 5-36 所示，双锥回转真空干燥机为双锥形的回转罐体，在罐内为真空状态时，向夹套内通入蒸汽或热水进行加热，热量通过罐体内壁与湿物料接触，湿物料吸热后所蒸发的水汽，通过真空泵经真空排气管被抽走。由于罐体内处于真空状态，且罐体的回转使物料不断上下、内外翻动，故加快了物料的干燥速度，提高干燥效率，达到均匀干燥的目的。

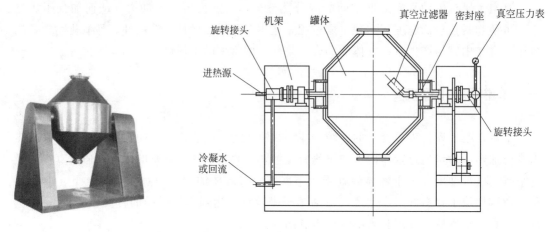

图 5-36　双锥回转真空干燥机外形及其结构示意图

第八节　通风空调净化系统及设备

通风、空调及空气净化，是制药生产过程中控制空气环境的常见手段。

机械通风系统由风机、风道组成，其任务为去除空气当中的粉尘、高湿气体、高温气体及其他有害（燃、爆、毒、臭、蚀）气体。

净化系统由机械通风系统加装空气热湿处理器组成。其任务为控制空气中的温度、湿度、流速和洁净度。

空气净化是以创造洁净空气为主要目的的空调，其系统是由空调系统加装空气过滤器组成。其任务为控制空气中的粉尘、细菌浓度，并为空气除臭、去离子。

药厂中的空气净化任务是通过空气净化系统，将特定生产区域空气的温度、湿度、压差、尘埃、细菌浓度、有害气体等控制在一定的指标范围内，保障生产工艺所要求的环境。药厂常用的空气净化系统分为直流式和部分旧空气再循环系统。前者常用于工艺中容易产生有害气体的场合，后者广泛用于其他场合。

一、系统运行中的注意事项

（1）洁净度与气流流型

在满足洁净度等级要求的基础上，根据洁净等级的不同要求，选用不同的气流流型。面积较大、位置集中和消声减震要求严格的洁净室采用集中式净化系统；反之，可采用分散式净化系统。

（2）系统压差控制

洁净室与周围环境之间需保持一定的静压差，以保证厂房内空气的合理流向。洁净室压差控制通过以下几种控制可以实现：回风口控制、余压阀控制、压差变送器控制、微机控制。

（3）风量

合理的风量是达到洁净度等级的基本条件，处理好送风量、回风量、新风量、排风量的合理数值。

（4）开关机顺序

以确保、维持洁净室室内始终正压为前提（$0.5mmH_2O$），开机顺序通常为开送风、关值班风机、开回风、开排风；关机顺序通常为关排风、关回风、开值班风机、关送风。

二、节能运行

由于空调送风系统一般都是全年运行的，所以耗能很大。因此，可以通过空调送回风循环系统达到节能的目的。

（1）控制新回风比和排风

常用的空调系统有两类，即一次或二次回风空调系统。利用回风可节省系统的制冷量，新风量应酌情控制，一般在15%～30%，合理地控制减少排风量。

（2）设置排风与新风的热交换器

利用排风对新风预冷或预热、利用排风作为风冷冷凝器或冷却塔的冷却用空气，都可以起到节能的效果。

（3）控制回风与新风比

春秋时节可以采用全新风方式，调节回风与新风的风量比，达到控制室温的目的。夏季可采用最大送风温差送风。

（4）控制一、二次回风比

药厂的净化空调一般还是传统的一次回风系统，只有在条件较好时才采用二次回风系统。

（5）自动监测控制调节

三、维护保养措施

空调送风系统必须重视日常维护和保养。

（1）冬季空调防冻措施

在空调使用前对加热盘管进行有效清洗，去除盘管内的污物，保证盘管内热水流动通畅。应及时将表冷器中残留的水放出，防止表冷器因水凝结而导致裂损。

（2）更换过滤器

一般定期或者根据检测结果，及时更换过滤器。另外，采用臭氧灭菌的方式，来控制空调净化系统的洁净度。

（3）防止房间过冷或过热

加强维护保养和检修，克服自动调节不及时或失灵。

（4）合理确定开停机时间

设置值班风机或变频风机。车间停止使用时，要保持继续送回风循环。

图 5-37 为空调送风系统原理图。

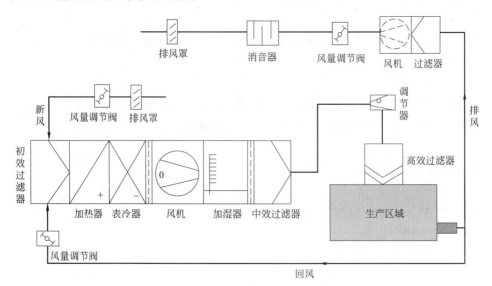

图 5-37　空调送风系统图

图 5-38 是分别是中央空调系统、排风系统和排风管道三种空调送风设备图。

(a) 中央空调系统

(b) 排风系统

(c) 排风管道

图 5-38　几种空调送风设备

第九节　污水处理设备

药厂工业废水主要包括抗生素生产废水、合成药物生产废水、中成药生产废水以及各类制剂生产过程中的洗涤水和冲洗废水四大类。其废水特点是成分复杂、有机物含量高、毒性大、色度深，同时污水还呈现明显的酸碱性，部分污水含有过高盐分，且间歇性排放，生化性差，所以，这些特点让制药污水处理成为水处理行业中较为难处理的一种污水。

药厂工业污水处理成套设备处理方法可归纳为以下几种：物理处理法、化学处理法、物理化学处理法、生物处理法以及组合工艺处理法等。各种处理方法的具体应用有以下一些方式。

① 物理处理法：过滤、离心、沉淀分离、上浮分离及其他。

② 化学处理法：化学混凝法、化学混凝沉淀法、化学混凝气浮法、中和法、化学沉淀法、氧化还原法及其他。

③ 物理化学处理法：吸附、离子交换、电渗析、反渗透、超过滤及其他。

④ 生物处理法：好氧生物处理法、活性污泥法、普通活性污泥法、高浓度活性污泥法、接触稳定法、氧化沟、SBR、生物膜法、普通生物滤池、生物转盘法、生物接触氧化法、厌氧生物处理法、厌氧滤器工艺、上流式厌氧污泥床工艺、厌氧折流板反应器工艺、厌氧/好氧生物组合工艺、两段好氧生物处理工艺、A/O工艺、A2/O工艺、A/O2工艺。

⑤ 组合工艺处理法：物理＋化学、物理＋生物、物理＋好氧生物处理、物理＋厌氧生物处理、物理＋组合生物处理、化学＋物化、化学＋生物、化学＋好氧生物处理、化学＋厌氧生物处理、化学＋组合生物处理、物化＋生物、物化＋好氧生物处理、物化＋厌氧生物处理、物化＋组合生物处理。

图 5-39 给出了一些实际应用的污水处理设备。

(a) 沉降池

(b) 异味处理设备

图 5-39

(c) 有机废水处理设备

(d) 格栅除污机

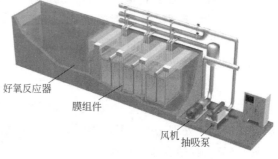

好氧反应器

膜组件

风机　抽吸泵

(e) 地埋式污水处理设备

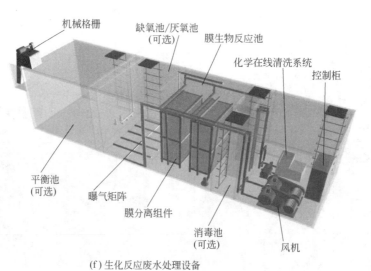

机械格栅

缺氧池/厌氧池
(可选)

膜生物反应池

化学在线清洗系统

控制柜

平衡池
(可选)

曝气矩阵

膜分离组件

消毒池
(可选)

风机

(f) 生化反应废水处理设备

图 5-39　实际应用的污水处理设备举例

第十节　工业管道的识别

根据国标《工业管道的基本识别色、识别符号和安全标识》GB/T 7231—2003 的规定，为了便于工业管道内的物质识别，定义颜色识别、符号识别、危险标识、消防标识四种标示。

一、颜色识别

颜色识别用以识别工业管道内物质种类的颜色。根据管道内物质的一般性能，分为八类，并相应规定了八种基本识别色和相应的颜色标准编号及色样，见表 5-2。

表 5-2　八种基本识别色

物质种类	基本识别色	颜色标准编号
水	艳绿	G03
水蒸气	大红	R03
空气	浅灰	B03
气体	中黄	Y07
酸或碱	紫色	P02
可燃液体	棕色	YR05
其他液体	黑色	
氧	淡蓝	PB06

二、符号识别

符号识别用以识别工业管道内的物质名称和状态的记号。

工业管道的识别符号由物质名称、流向和主要工艺参数等组成，其标识应符合下列要求：

① 物质名称的标识：物质全称、化学分子式。

② 物质流向的标识：管道内物质的流向用箭头表示，如图 5-40（a）所示；如果管道内物质的流向是双向的，则以双向箭头表示，如图 5-40（b）所示；有时标牌的指向可以表示管道内的物质流向，如图 5-40（c）、（d）所示；如果管道内物质流向是双向的，则标牌指向应做成双向的，如图 5-40（e）所示。

③ 物质的压力、温度、流速等主要工艺参数的标识，使用方可按需自行确定采用。

使用方应从以下五种方法中选择工业管道的基本识别色标识方法：管道全长上标识；在管道上以宽为 150mm 的色环标识；在管道上以长方形的识别色标牌标识；在管道上以

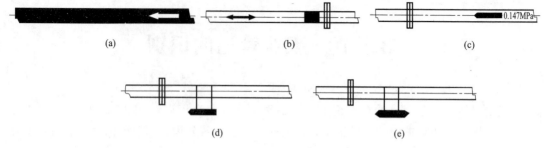

图 5-40　工业管道识别符号参考图

带箭头的长方形识别色标牌标识；在管道上以系挂的识别色标牌标识。

三、危险标识

危险标识表示工业管道内的物质为危险化学品。凡属于《化学品分类和危险性公示通则》GB 13690—2009 所列的危险化学品，其管道应设置危险标识。具体表示方法是：在管道上涂 150mm 宽黄色，在黄色两侧各涂 25mm 宽黑色的色环或色带，见图 5-41，安全色范围应符合《安全色》GB 2893—2008 的规定。一般标示在基本识别色的标识上或附近。

图 5-41　危险化学品和物质名称标识方法参考图

四、消防标识

消防标识表示工业管道内的物质专用于灭火。

工业生产中设置的消防专用管道应遵守《消防安全标志》GB 13495.1—2015 的规定，并在管道上标识"消防专用"识别符号。标识部位、最小字体应分别符合相应的规定。

虽然针对工业管道内的物质识别做了以上具体规定，但是在药厂实际应用中，有时出于对生产工艺的保密，药厂会采取灵活多变的方式进行处理，请同学们注意体会。

制药用水和纯蒸汽的制备

制药用水和纯蒸汽是制药生产过程的重要原料，参与整个生产工艺过程，包括原料生产、分离纯化、成品制备、洗涤、清洗和消毒，是药厂公用工程的不可或缺的组成部分。由于制水车间的洁净度要求相对较低，所以制药用水和纯蒸汽的制备是下厂实习环节中经常观摩的工作岗位。

第一节　制药用水的分类

制药用水的制备、分配与自来水不同，有其特殊性。制药用水要符合 GMP 要求，在分配过程中要保证水质，还要考虑如何控制可能出现的风险。在《中国药典》（2015 版）四部中，根据使用范围的不同，把制药用水分成了纯化水、注射用水、灭菌注射用水等几类。

① 饮用水：为天然水经净化处理所得的水，其质量必须符合现行中华人民共和国国家标准《生活饮用水卫生标准》。作为制药用水的原水，饮用水可作为药材净制时的漂洗、制药用具的粗洗用水，除另有规定外，也可作为饮片的提取溶剂。

② 纯化水：为饮用水经蒸馏法、离子交换法、反渗透法或其他适宜的方法制备的制药用水。不含任何赋加剂。可用于配制普通药物制剂用的溶剂或试验用水；可作为中药注射剂、滴眼剂等灭菌制剂所用饮片的提取溶剂；口服、外用制剂配制用溶剂或稀释剂；非灭菌制剂用器具的精洗用水；也可作为非灭菌制剂所用饮片的提取溶剂。纯化水不得用于注射剂的配制与稀释。除药典规定之外，可作为福利品供员工饮用。

③ 注射用水：为纯化水经蒸馏所得的水，应符合细菌内毒素试验要求。可作为配制注射剂、滴眼剂等无菌剂型的溶剂或稀释剂，以及容器的精洗。戴隐形眼镜的同学，可用此水冲洗镜片。

④ 灭菌注射用水：为注射用水按照注射剂生产工艺制备所得。不含任何赋加剂。主要用于注射用灭菌粉末的溶剂或注射剂的稀释剂。

对于不同种类的水质要求，可参阅相关资料详细了解。制药用水已有成型的模块化设备，主要包括制备单元、储存单元、分配单元和用点管网单元，下面将分别加以介绍。

第二节　纯化水的制备

纯化水的制备工艺一般分为预处理过程和纯化过程两个步骤。

一、预处理过程

饮用水中的杂质主要包括：不溶性杂质、可溶性杂质、有机物、微生物。制备纯化水最关键的工艺是二级反渗透（RO/RO），由于 RO 膜很精密，所以在进行反渗透之前必须经过预处理过程，使其主要水质达到后续处理设备的进水要求，有效减轻后续纯化系统净化负荷。预处理过程主要达到以下目的：

① 去除原水水中较大的悬浮颗粒、胶体、部分微生物等，这些物质可能会附着在反渗透膜表面导致膜表面在运行阶段出现堵塞；

② 去除原水中的钙镁离子，防止在反渗透膜的浓水侧出现 $CaCO_3$、$CaSO_4$、$MgCO_3$、$MgSO_4$ 等微溶或难溶盐晶，从而导致反渗透膜的污堵；

③ 除去大于 $5\mu m$ 的颗粒物，防止大颗粒对反渗透膜的机械性划伤；

④ 去除水中含有的氧化物质（如次氯酸），防止氧化物对反渗透膜的氧化性破坏。

预处理系统一般包括原水箱、多介质过滤器、活性炭过滤器、软化器、微滤器。

1. 原水箱

原水箱作为预处理的第一个设备，一般设置一定体积的缓冲水罐，其体积的配置需要与系统产量相匹配，具备足够的缓冲时间并保证整个系统的稳定运行。其材质一般 316L 不锈钢。图 6-1 是方形和圆形两种原水箱外观。

(a) 方形原水箱　　　　　　　　　　　　　　(b) 圆形原水箱

图 6-1　原水箱

由于原水箱的缓冲功能会造成水流的流速缓慢，存在产生微生物繁殖的风险，因此按照 GMP 规定，在进入缓冲罐前一般需要添加一定量的次氯酸钠溶液，浓度一般为 0.3～

$0.5mol \cdot L^{-1}$。同时，所加的次氯酸盐应在进入反渗透设备之前去除，以免对反渗透膜造成氧化性破坏。

2. 多介质过滤器

多介质过滤器大多填充石英砂、活性炭（多为无烟煤），其作用原理是利用深层过滤和接触过滤，去除水中的大颗粒杂质、悬浮物、胶体等。多介质过滤器日常维护简单，运行成本低，此工艺在国内广泛应用。图6-2是一种多介质过滤器外观。

图6-2　多介质过滤器

按照GMP要求，为了保证除杂质量，多介质过滤器要定期反洗，将截留在过滤介质中的杂质排出，即可恢复多介质过滤器的处理效果。可以通过浊度仪、进出口压差来判断反洗的时间，反洗的溶剂可以采用清洁的原水，通常以3~10倍设计流速冲洗30min，反向冲洗后，再以操作流向进行短暂正向冲洗，使介质床复位即可。

3. 活性炭过滤器

活性炭过滤介质主要是颗粒活性炭，如椰壳、褐煤或无烟煤等。其作用原理是利用活性炭表面的活性基团及毛细孔的吸附能力去除水中的游离氯、微生物、有机物、部分重金属离子以及从前端泄漏过来的少量胶体物质，以达到除色、除味。经处理后的余氯量需小于$0.1mg \cdot L^{-1}$，以防止对RO膜的氧化损伤。图6-3是活性炭过滤器外观。

图6-3　活性炭过滤器

按照 GMP 要求，当活性炭吸附趋于饱和时，需要对活性炭过滤器及时进行反冲洗。由于活性炭过滤器吸附大量有机物质，为微生物繁殖提供了营养条件，长时间运行后会产生微生物，一旦泄漏到后续处理单元，会带来微生物污染风险。为此，活性炭过滤器要设置高温消毒系统，对其产水的微生物指标进行有效控制，巴氏消毒和纯蒸汽消毒方式是活性炭过滤器非常有效的消毒方式。

（1）巴氏消毒

巴氏消毒主要消毒对象是病原微生物和其他生长态菌。将液体（通常是水）加热到一定温度并持续一段时间，以杀死微生物的过程。其原理是：在一定温度范围内，温度越低，细菌繁殖越慢，温度越高，细菌繁殖越快，但只有高温细菌才会死亡。经巴氏消毒后，仍会保留部分细菌或芽孢，因此，巴氏消毒不是无菌处理过程。但在制水系统中巴氏消毒是很好的抑菌手段。

（2）纯蒸汽消毒

纯蒸汽消毒属于热力灭菌范畴，其原理是利用高温高压蒸汽进行灭菌。蒸汽灭菌是相变给热、传热系数大、穿透力强，相变潜热达 2490 kJ/(kg/oc)。因此，蛋白质、原生胶质会变性凝固、酶系统会破坏，细菌自然就被灭掉。

4. 软化器

软化器的主要功能是去除水中的钙、镁离子，以防止生成的碳酸钙和碳酸镁等难（微）溶物结晶堵塞反渗透膜。软化器由盛装树脂的容器、树脂、阀、调节器和控制系统组成。软化原理主要是通过钠型软化树脂对水中的钙、镁离子进行离子交换，从而去除钙、镁离子。通常情况下软化器出来水的硬度小于 $1.5\,mg \cdot L^{-1}$。图 6-4 是软化器外观。

图 6-4　软化器

按照 GMP 要求，软化器要定期再生，以保证其离子交换能力，为了保证水系统能实现 24h 连续运行，通常采用双级并联软化器，它能实现一台软化器再生的时候另一台仍然可以制水，并有效避免水中微生物快速滋生。

在软化器的离子交换过程中，Ca^{2+}、Mg^{2+} 被 RNa 型树脂的 Na^+ 交换出来后存留在树脂中，使离子交换树脂由 RNa 型变成 R_2Ca 或 R_2Mg。其反应式为：

$$Ca^{2+} + 2RNa \longrightarrow R_2Ca + 2Na^+$$

$$Mg^{2+} + 2RNa \longrightarrow R_2Mg + 2Na^+$$

树脂再生过程反应式：

$$R_2Ca + 2NaCl \longrightarrow CaCl_2 + 2RNa$$

$$R_2Mg + 2NaCl \longrightarrow MgCl_2 + 2RNa$$

因为当次氯酸钠浓度不高于 $1mg \cdot L^{-1}$ 时，其对树脂的氧化伤害较小，当预处理系统中次氯酸钠的浓度在 $0.3 \sim 0.5mg \cdot L^{-1}$ 时，可将串联软化器放在活性炭过滤器之前，这样即可有效利用预处理系统中次氯酸的杀菌作用，又可以预防微生物在软化器中滋生。

5. 微滤器

微滤器主要是安装在反渗透膜之前，起保安过滤作用，用来除去大于 $5\mu m$ 粒子，保护反渗透膜免受伤害。图 6-5 是微滤器外观。

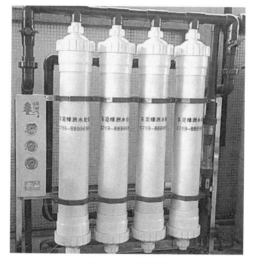

图 6-5　微滤器

按照 GMP 要求，微滤器截留微生物和其他粒子，可能滋长微生物，因此，必须定期消毒。保证安装和更换膜的过程中微滤器的完整性，从而保证其保安截留性能。

二、纯化过程

目前，制药行业主流纯化过程包括两种：一种是反渗透加反渗透（RO/RO），另一种是反渗透加电去离子装置（RO/EDI）。其中后者实习单位不用，故不作介绍。

反渗透装置是由一系列膜组件构成的，其主要构件是反渗透膜。因为反渗透膜是一种只允许水分子通过而不允许溶质透过的半透膜，能阻挡所有溶解性盐及分子量大于 100 的有机物。目前医药领域应用最多是卷式结构的醋酸纤维素膜，一级反渗透的脱盐率高于 99.5%。反渗透系统的主要功能是除去水中的盐离子。

典型反渗透系统包括反渗透给水泵、阻垢剂加装器、还原剂加药器、5μm 保安过滤器、热交换器、高压泵、反渗透装置、CO_2 脱气装置或 NaOH 加药装置以及反渗透清洗装置等。图 6-6 是反渗透装置外观。

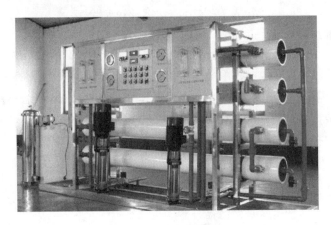

图 6-6   反渗透装置

反渗透原理：在进水侧（浓溶液）施加操作压力以克服水的自然渗透压，当高于自然渗透压的操作压力加在浓溶液侧时，水分子自然渗透的流动方向就会逆转，浓溶液侧的水分子部分通过膜并成为稀溶液侧的净化水流出。

反渗透膜对各种离子的过滤性能可以总结为：化合价越高透过率越低、半径越小透过率越高；水中常见离子的透过率为：$K^+ > Na^+ > Ca^{2+} > Mg^{2+} > Fe^{3+} > Al^{3+}$。由于 CO_2 气体分子的反渗透膜的透过率几乎达 100%，所以一旦原水中的二氧化碳含量过高，最终反渗透水水质都不理想，为此，反渗透系统中常添加 NaOH，使 CO_2 变为 HCO_3^- 态物质，然后通过反渗透膜对离子态物质的有效过滤而去除。

制药行业推荐使用的除垢剂是六偏磷酸钠，其作用是相对增加水中结垢物质的溶解度，以防止碳酸钙、碳酸镁等物质对膜的阻碍，同时也可以防止铁离子堵塞膜。如果原水水质良好，硬度较低，就可以不加除垢剂。

由于反渗透膜的最佳工况温度为 25℃，在此温度下产水量最大，所以通常采用换热器对进入反渗透的水进行温度调节。换热器需要选择防止交差污染的电加热换热器。需要注意的是，反渗透不能完全除去水中的污染物，如细菌内毒素等。

第三节   注射用水制备

由纯化水制备注射用水，关键在于除去纯化水中的热原，大部分是细菌内毒素。因此，首先要了解热原的危害和性质。

细菌内毒素为革兰氏阴性细菌外壁层中特有的一种化学成分，分子量大于 10000，结构复杂，细菌死亡溶解或用人工方法破坏细菌细胞后才释放出来。

因为注射用水主要用于生产无菌制剂，用于静脉注射，当药液中含有细菌内毒素时，将会产生热原反应。患者发生热原反应后，表现发冷、寒战、面色苍白、四肢冰冷，继之高热，严重会伴有恶心、头痛、血压下降、昏迷休克。因此，去除纯化水中的内毒素是制备注射用水的重要指标。

细菌内毒素性质：① 水溶性。② 滤过性。热原很小，小至 $1\sim5nm$，可通过一般过滤器和 $0.22\mu m$ 微孔滤膜。活性炭可吸附内毒素，这是许多无菌粉针剂制备过程中使用活性炭的依据，当然，活性炭还有脱色作用。③ 耐热。细菌内毒素很坚强，$100℃$ 不热解，$180℃$ 需 $3\sim4h$，$250℃$ 需 $30\sim45min$，$650℃$ 需 $1min$ 才可彻底破坏。注射剂的一般灭菌条件是不能彻底破坏细菌内毒素的。④ 不挥发性。细菌内毒素本身不挥发，因此可用蒸发方式来去除热原，关键在于制备高效蒸汽的同时防止在蒸馏时细菌内毒素被蒸汽雾滴携带，因此在蒸馏水机中，增加高效的除雾沫装置很重要。

由于细菌内毒素不挥发，因此深度除热原的最有效方法是蒸馏法。为此《中国药典》（2015 版）规定"注射用水为纯化水经蒸馏所得的水"，即纯化水是注射用水的原水，蒸馏是我国 GMP 认证的唯一方法。制药工业中实现纯化水的蒸馏，主要采用的设备是蒸馏水机。蒸馏水机一般由蒸馏装置、分离装置、冷凝装置组成。目前，蒸馏水机主要有塔式蒸馏水机、蒸汽压缩式蒸馏水机和多效蒸馏水机。1971 年芬兰 FINN AQUA 公司成功研发出全球第一台多效蒸馏水机后，以其节能、高效的特性迅速确定了它在蒸馏水机中的霸主地位，制药行业的蒸馏水机基本以此为蓝本，所以，在此重点介绍多效蒸馏水机。

一、多效蒸馏水机

多效蒸馏水机通常由两个或多个蒸发热交换器、分离装置、预热器、两个冷凝器、阀门、仪表和控制部分等组成，其原理是让经充分预热的纯化水通过多效蒸发和冷凝，排除不凝性气体，从而获得高纯度的注射用水。

在多效蒸馏水机中，第一效蒸发器是用工业蒸汽加热，纯化水经第一效蒸发器蒸发产生纯化了的蒸汽，也称二次纯蒸汽，二次纯蒸汽作为热原再加热下一效蒸发器，被冷凝成为注射用水，同时二效蒸发器产生二次纯蒸汽，以此类推，直至最后一效蒸发器产生的二次纯蒸汽被外部冷却介质冷凝为注射用水。第二效后所冷凝下来的注射用水，经电导率仪在线检测合格后，可作为注射用水集中输出。利用二次蒸汽作为第二效后的热原，在节能方面效果非常明显。

常规蒸馏水机的效数范围是 $3\sim8$，实习所见多是五效蒸馏水机，如图 6-7 所示。

二、多效蒸馏水机的关键技术

液体成膜技术是多效蒸馏水机的关键技术。多效蒸馏水机中列管内液体成膜的质量对于增强换热效果、节约能耗和提高蒸汽的质量非常重要，一般采用降膜蒸发技术来提高效率。

汽-液分离技术是保证注射用水质量的关键技术。多效蒸馏水机主要采用重力分离、

图 6-7　五效蒸馏水机

导流板撞击式分离器及螺旋与丝网除沫器组合实现汽-液分离。目前，世界最先进的蒸馏水机主要是通过降膜闪蒸分离、180°折返重力分离和外螺旋分离技术组合的方式制备注射用水，有效保证了注射用水细菌内毒素含量小于 0.01EU/mL。

按照 GMP 要求，为防止系统交叉污染，多效蒸馏水机的第一效蒸发器，全部的预热器和冷凝器均需采用双管板式设计，内管板和外管板均采用胀接的方式连接。双胀接法通过胀管器将列管与管板进行物理连接固定，能很好杜绝换热器焊接所带来化学腐蚀和红锈问题。

第四节　制药用水的储存与分配系统

储存与分配系统的正确设计对制药用水系统成功与否至关重要。储存与分配系统的设计原则：高温储存，连续湍流循环，卫生型连接，机械抛光管道，定期消毒或杀菌，使用隔膜阀。一般纯化水罐体水温维持在 18～20℃，注射用水水温维持在 70～80℃下循环。

15～30℃是常温系统，微生物繁殖较慢，属中度微生物污染风险，温度高于65℃，大多数病原菌就停止生长，属于低微生物产生风险，而在 30～60℃环境下，微生物生长最快，属于高微生物产生风险。下面分别介绍制药用水的储存与分配系统实现设备。

一、水储罐

水储罐有立式和卧式两种，通常情况下立式水储罐可优先考虑，因为立式水罐体具有一个最底排放点，很容易将全系统的水排尽，以符合 GMP 要求。而卧式水储罐在残液排放上不如立式水储罐好。图 6-8 为卧式和立式水储罐外观。

但如果有下列情况，还是应该考虑卧式水储罐：①储罐体积过大，如超过 10000L；

(a) 立式水储罐   (b)卧式水储罐

图 6-8　水储罐

②制水间对罐体高度有限制时；③蒸馏水机出水口需要高于罐体入水口时。

储罐水流较慢，容易滋生细菌，因此，保证储罐的腾空次数很重要，一般为 1～5 次/h。除此之外，下列设计也可以更好保证水质：

① 喷淋球：用于保证罐体始终处于自清洗和全润湿状态，并保证巴氏消毒状态下全系统温度均匀。图 6-9 是一种喷淋球的外观。

② 罐体呼吸器：主要用于有效阻断外界颗粒物和微生物对罐体水质的影响，呼吸器的滤材孔径为 0.2μm，材质为聚四氟乙烯。图 6-10 是罐体呼吸器外观。

图 6-9　喷淋球   图 6-10　罐体呼吸器

二、分配单元

分配系统是整个储存与分配系统的核心单元，分配系统没有纯化功能，其主要功能是将符合药典要求的水输送到工艺用水点，并保证其压力和流量，采用 70～80℃保温循环。分配系统主要由带变频控制的输送泵、热交换器、加热或冷却调节装置、取样阀、隔膜阀、管道管件、温度传感器、压力传感器、电导率传感器、变送器、TOC 在线监测仪以及其配套的集成配套系统（含控制柜、I/O 模块、触摸屏、有纸记录仪等）组成。水分配系统如图 6-11 所示。

图 6-11　水分配系统

对于水分配单元，按照 GMP 相关规定有如下一些要求。

① 中国 GMP 与欧盟 GMP 均建议"注射用水可采用 70℃以上保温循环"。

② 整个分配系统的总供和总回管处需安装取样阀进行水质取样分析。

③ 卫生型输送泵多采用流量或压力的变频驱动，以保证系统始终处于湍流正压状态，防止生物膜形成、减少粒子的产生。卫生型离心泵出口处不安装止回阀，以保证系统可排尽残液。离心泵出口采用隔膜压力表，泵出口处有手动隔膜阀，所以用隔膜仪表和阀门，是为了保证卫生需求，此处有别于一般化工管路系统。

④ 防汽蚀发生，有别于自来水输送的是制药用水系统在 70～80℃保温循环，在有些用水点温度会更高，如过热水消毒，因此易发生汽蚀现象。

⑤ 为防换热器的交叉污染，需连续监测两侧压差，并保证洁净端压力始终高于非洁净端。

在水分配单元中，需要注意以下一些设备。

（1）卫生型离心泵

材质为 316L 不锈钢，润湿不锈钢表面抛光至 $R_a < 0.5\mu m$，注射用水系统离心泵建议采用电解抛光处理。叶轮采用开放式叶轮，以保证全系统排尽并实现在线清洗，而化工上常采用蔽式叶轮，以提高泵的效率。卫生型离心泵如图 6-12 所示。

（2）隔膜阀

隔膜阀是一种特殊形式的截止阀，它的启闭件是一块用软质材料制成的隔膜，把阀体内腔、阀盖内腔及驱动部件隔开，其特点是隔膜把下部阀体内腔与上部阀盖内腔隔开，使位于隔膜上方的阀杆、阀瓣等零件不受介质腐蚀，且不产生外漏。由于隔膜是隔膜阀中唯一与水接触的部件，因此制药用水系统中使用隔膜阀片材质需要符合 GMP 要求，其可选材质为聚四氟乙烯和三元乙丙橡胶。另外，普通球阀不可用在纯化水、注射用水和纯蒸汽系统中，因为球阀关闭时，阀芯会积水，易滋长微生物，如图 6-13 所示。

图 6-12　卫生型离心泵

图 6-13　隔膜泵

（3）卫生型换热器

制药用水系统中的换热器主要是维持系统水温，并周期性进行系统消毒或杀菌，一般置于分配系统末端的回水管网上，目前制药用水中可采用的换热器形式为双板管式换热器、双板板式换热器和套管式换热器，见图 6-14。需要说明的是，双板板式换热器虽然投资少，方便拆卸且易于增加换热面积，常使用在最终纯化之前的处理阶段，但其可排放性不如双板管式换热器，存在较大的微生物滋生风险，故不用于无自净能力的制储存与分配系统中。套管式换热器虽然面积有限，但其投资少，安装方便，主要用于注射用水冷用点降温处。其中在整个制水系统中维持温度的是双板管式换热器，其特点是：内管板与外管板均采用胀接方式，属于物理加工方法，其加工精度高，可避免腐蚀。

(a) 双板管式换热器

(b) 双板板式换热器

(c) 套管式换热器

图 6-14　卫生型换热器

三、用点管网单元

用点管网单元是指从制水间分配单元出发，经过所用工艺用水点后回到制水间的循环管网系统，其主要功能是将制药用水输到使用点。用水管网系统主要由取样阀、隔膜阀、管道管件组成。

按照 GMP 要求，所有材料应能够抵挡温度、压力和化学腐蚀，通常选用 316L 不锈钢。因为此适合巴氏消毒、纯蒸汽消毒、过热水消毒、臭氧消毒、紫外消毒。但 316L 不锈钢不能和氯离子接触，因为氯离子可对奥氏体不锈钢的钝化膜形成点腐蚀。

制药用水使用点分两类：①开放使用点，如脱衣洗手用的水池；②直接对接的硬连接用点，如配料罐的补水阀、洗瓶机的补水阀等。

第五节 纯蒸汽制备与分配系统

制药企业的蒸汽依用途分两类：工业蒸汽和纯蒸汽，其中纯蒸汽也称为洁净蒸汽。工业蒸汽是由锅炉制备的蒸汽，在制药用水中主要作为储存与分配系统巴氏消毒或过热水杀菌的热源，也作为蒸馏水机和纯蒸汽发生器的热源。

纯蒸汽通常是以纯化水为原料，通过蒸汽发生器或多效蒸馏水机的第一效蒸发器产生蒸汽，纯蒸汽冷凝液要满足注射用水要求。在制药行业中，纯蒸汽主要用于湿热灭菌和其他工艺，如设备和管道的清毒，洁净厂房的空气加湿。

一、纯蒸汽发生器

纯蒸汽发生器主要有沸腾蒸发式纯蒸汽发生器和降膜蒸发式纯蒸汽发生器，本节主要介绍降膜式纯蒸汽发生器，以便加深对多效蒸馏水机的蒸发原理的理解。

降膜式蒸发器的原理是原料水（纯化水）在预热器被工业蒸汽加热后，进入缓冲储罐和过热水循环泵，通过循环泵进入蒸发器顶部，经分配盘装置均匀分配进入列管内并形成薄膜状水流，通过工业蒸汽进行热交换，在列管中的液膜很快被蒸发成蒸汽，蒸汽继续在蒸发器中盘旋上升，经过汽-水分离装置，作为纯蒸汽从蒸汽出口输出，夹带热原的残液则在柱底部连续排出。未被蒸发的原料水，进入过热水循环罐，进行循环蒸发。纯蒸汽发生器外观如图 6-15 所示。

为了更好去除热原，FINN AQUA 品牌纯蒸汽发生器是将原料水经 3 次分离作用转化为纯蒸汽：第一次是原料水经分配盘进入蒸发器后，沿列管向下流动并被工业蒸汽进行降膜蒸发；第二次是被蒸发的二次蒸汽在蒸发器下端 180℃折回，将热原等杂质在重力作用下分离到下部浓水中进行排放；第三次是二次蒸汽继续在蒸发器中盘旋上升到中上部的螺旋分离装置，通过高速离心作用进一步去除热原杂质。

二、蒸汽分配系统

纯蒸汽主要由纯蒸汽发生器制备，制备合格的纯蒸汽将通过蒸汽分配管道送到工艺用点，纯蒸汽主要用于灭菌柜、配料罐等设备的在线消毒。因此，纯蒸汽所有系统中部件应

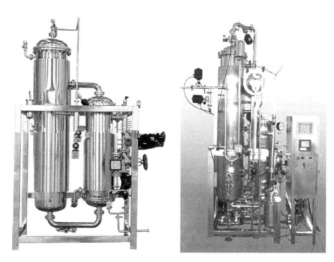

图 6-15　纯蒸汽发生器

能实行自行排水。由于纯蒸汽系统的自我消毒功能，其微生物污染风险较小。蒸汽分配系统如图 6-16 所示。

图 6-16　蒸汽分配系统

对蒸汽分配系统，GMP 做出了如下要求：

① 输送系统中冷凝水聚积是纯蒸汽系统发生污染的潜在风险之一，因此，在设计中，应注意解决纯蒸汽输送管道系统中冷凝水的积聚问题，降低系统内毒素污染的风险；

② 为防止冷凝水聚积，蒸汽管网安装要有坡度，一般为 1/250（即铅垂高度比水平长度），纯蒸汽输送管网每隔 30～50m 处需在垂直上升管的底部安装一个热静力疏水装置，全系统的其他任何最低点处均需安装一个热静力疏水阀。

蒸汽分配系统中需要用到热静力疏水阀。波纹管式疏水阀是目前制药广泛采用的静力疏水器，为保证纯蒸汽系统的安全，该疏水器为 316L 材质设计，卫生卡箍连接。波纹管式疏水阀的阀芯不锈钢波纹管内充一种汽化温度低于水饱和温度的液体。随蒸汽温度变化控制阀门开关，该阀设有调整螺栓，可根据需要调节使用温度。当装置启动时，管道出现冷却凝结水，波纹管内液体处于冷凝状态，阀芯在弹簧的弹力下，处于开启位置。当冷凝水温度逐渐升高，波纹管内充液开始蒸发膨胀，内压增高，变形伸长，带动阀芯向关闭方向移动，在冷凝水达到饱和温度之前，疏水阀开始关闭，随蒸汽温度变化控制阀门开关，阻汽排水。常见波纹管式疏水阀如图 6-17 所示。

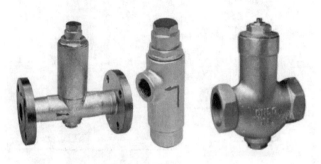

图 6-17　波纹管式疏水阀

废气处理设备

废气处理指针对工业场所、工厂车间产生的废气在对外排放前进行预处理，以达到国家废气对外排放标准的工作。一般废气处理包括有机废气处理、粉尘废气处理、酸碱废气处理、异味废气处理和空气杀菌消毒净化等方面。常见的废气处理方式有活性炭吸附法、高温催化燃烧法、酸碱中和法、等离子法、冷凝法、湿式回收法、生物法等，既可直接去除其中有害气体，也可对其中有利用价值的气体进行回收。可有效去除工厂车间产生的废气，如苯、甲苯、二甲苯、乙酸乙酯、丙酮、丁酮、乙醇、丙烯酸、甲醛等有机废气，及硫化氢、二氧化硫、氨气等恶臭气体。

一、掩蔽法

掩蔽法采用更强烈的芳香气味与臭气掺和，以掩蔽臭气，使之能被人接受。该法适用于需立即、暂时地消除低浓度恶臭气体影响的场合，恶臭强度 2.5 左右，无组织排放源。优点：可尽快消除恶臭影响，灵活性大，费用低。缺点：恶臭成分并没有被去除。

二、稀释扩散法

稀释扩散法是将有臭味的气体通过烟囱排至大气，或用无臭空气稀释，降低恶臭物质浓度以减少臭味。该法适用于处理中、低浓度的有组织排放的恶臭气体。优点：费用低、设备简单。缺点：易受气象条件限制，恶臭物质依然存在。

三、热力燃烧法与催化燃烧法

原理：在高温下恶臭物质与燃料气充分混合，实现完全燃烧，该法适用于处理高浓度、小气量的可燃性气体。优点：净化效率高，恶臭物质被彻底氧化分解。缺点：设备易腐蚀，消耗燃料，处理成本高，易形成二次污染。图 7-1 为催化燃烧设备。

图 7-1 催化燃烧设备

热力燃烧法与催化燃烧法的工艺过程：启动风机、开启相应阀门和远红外电加热元件，对催化燃烧床内部的催化剂层进行循环预热，有效降低预热能耗，预热时间大约1h。待床层温度达到设定值，打开进气阀门，关闭相应阀门，在风机牵引下，有机废气在滤尘阻火器的作用下去除废气中可能含有易凝结的微粒物质及少量粉尘、水雾进入催化燃烧床，在催化剂作用下于一个较低温度进行无焰催化燃烧，将有机成分转化为无毒、无害的 CO_2 和 H_2O，同时释放出大量的热量，可维持催化燃烧所需的起燃温度，使废气燃烧过程基本不需要外加能耗，从而大大降低能耗，净化后的气体经过烟囱排放。

四、水吸收法

水吸收法利用臭气中某些物质易溶于水的特性，使臭气成分直接与水接触，从而溶解于水达到脱臭目的。适用于水溶性、有组织排放源的恶臭气体。优点：工艺简单，管理方便，设备运转费用低；若产生二次污染，需对洗涤液进行处理。缺点：净化效率低，应与其他技术联合使用，对硫醇、脂肪酸等处理效果差。

五、溶剂吸收法

溶剂吸收法利用臭气中某些物质和溶剂产生化学反应的特性，去除某些臭气成分。适用于处理大气量、高中浓度的臭气。优点：能够有针对性处理某些臭气成分，工艺较成熟。缺点：净化效率不高，消耗吸收剂，易形成二次污染。

图 7-2 所示为酸碱废气处理喷淋塔，其主要的运作方式是：酸雾废气由风管不断引入净化塔，经过填料层，废气与氢氧化钠吸收液进行气液两相充分接触吸收，发生中和反应，酸雾废气经过净化后，再经除雾板脱水除雾后由风机排入大气。吸收液在塔底经水泵增压后在塔顶喷淋而下，最后回流至塔底循环使用。

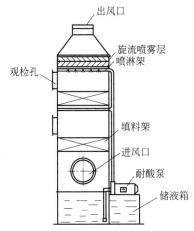

图 7-2　酸碱废气处理喷淋塔

六、吸附法

吸附法利用吸附剂的吸附功能使恶臭物质由气相转移至固相。适用于处理低浓度,高净化要求的恶臭气体。优点:净化效率很高,可以处理多组分恶臭气体。缺点:吸附剂费用昂贵,再生较困难,要求待处理的恶臭气体有较低的温度和含尘量。图 7-3 为一种高浓度有机废气过滤吸附设备。

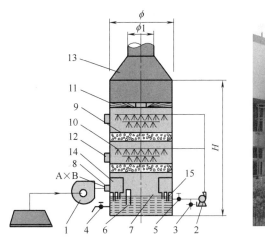

图 7-3　高浓度有机废气过滤吸附原理示意图

1—离心通风机;2—离心水泵;3—加液管;4—放液管;5—阀门;6—液面指示计;
7—贮液罐;8—进风管;9—填料层;10—喷嘴;11—旋流板;12—检视孔;
13—出风帽盖;14—压力室;15—鼓泡管

图 7-4 是两种其他形式的吸附法有机废气回收设备。

图 7-4 吸附法有机废气回收设备

七、生物滤池式脱臭法

生物滤池式脱臭法的原理是：使恶臭气体经过去尘增湿或降温等预处理工艺后，从滤床底部由下向上穿过由滤料组成的滤床，恶臭气体由气相转移至水-微生物混合相，通过固着于滤料上的微生物代谢作用而被分解掉。该方法是目前研究最多、工艺最成熟、在实际中也最常用的生物脱臭方法，它又可细分为土壤脱臭法、堆肥脱臭法、泥炭脱臭法等。优点：处理费用低。缺点：占地面积大，填料需定期更换，脱臭过程不易控制，运行一段时间后容易出现问题，对疏水性和难生物降解物质的处理还存在较大难度。图 7-5 是生物滤池除臭设备的原理示意图和设备实物。

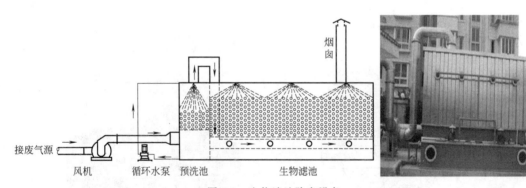

图 7-5 生物滤池除臭设备

八、生物滴滤池式脱臭法

生物滴滤池式脱臭法的原理同生物滤池式类似，不过使用的滤料是诸如聚丙烯小球、陶瓷、木炭、塑料等不能提供营养物的惰性材料。工业上使用生物滤池来净化污染气体，如利用生物滤池处理硫化氢、甲苯和一般挥发性有机污染物。生物滴滤池在实用性和单一性上同样具有一定的优势，如构建和运行成本低、污泥产量较低、结构简单和运行稳定，还可以承受高负荷和高毒性。缺点：池内微生物数量大，能承受比生物滤池大的污染负荷，惰性滤料可以不用更换，造成压力损失小，而且操作条件极易控制；需不断投加营养物质，而且操作复杂，使得其应用受到限制。图 7-6 是生物滴滤池的原理示意图及设备实物。

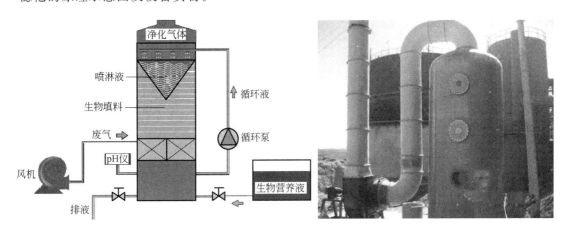

图 7-6　生物滴滤池

九、洗涤式活性污泥脱臭法

洗涤式活性污泥脱臭法的原理是：将恶臭物质和含悬浮物泥浆的混合液充分接触，使其在吸收器中从臭气中去除掉，洗涤液再送到反应器中，通过悬浮生长的微生物代谢活动降解溶解恶臭物质。该法有较大的适用范围，可以处理大气量的臭气，操作条件易于控制，占地面积小。缺点：设备费用大，操作复杂而且需要投加营养物质。

图 7-7 是洗涤式活性污泥脱臭设备的原理示意图及设备实物。

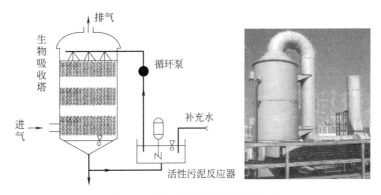

图 7-7　洗涤式活性污泥脱臭设备

十、曝气式活性污泥脱臭法

曝气式活性污泥脱臭法的原理是：将恶臭物质以曝气形式分散到含活性污泥的混合液中，通过悬浮生长的微生物降解恶臭物质，适用范围广。目前日本已用于粪便处理场、污水处理厂的臭气处理。优点：活性污泥经过驯化后，对不超过极限负荷量的恶臭成分，去除率可达99.5%以上。缺点：受到曝气强度的限制，该法的应用还有一定局限。

十一、三相多介质催化氧化工艺

三相多介质催化氧化工艺的原理是：向反应塔内装填特制的固态复合填料，填料内部复配多介质催化剂。当恶臭气体在引风机的作用下穿过填料层，与通过特制喷嘴呈发散雾状喷出的液相复配氧化剂在固相填料表面充分接触，并在多介质催化剂的催化作用下，恶臭气体中的污染因子被充分分解。该方法适用范围广，尤其适用于处理大气量、中高浓度的废气，对疏水性污染物质有很好的去除率。优点：占地小，投资低，运行成本低；管理方便，即开即用。缺点：耐冲击负荷，不受污染物浓度及温度变化影响，需消耗一定量的药剂。

图7-8是三相多介质催化氧化工艺流程图及设备实物。通过特制的喷嘴将吸收氧化液（以水为主，配有氧化液）呈发散雾状喷入催化填料床，在填料床上液体、气体、固体三相充分接触，并通过液体吸收和催化氧化作用将气体中的异味物质化为无害物质，吸收氧化液由循环泵抽送至液体吸收氧化塔循环使用，净化后的气体经烟囱排放。

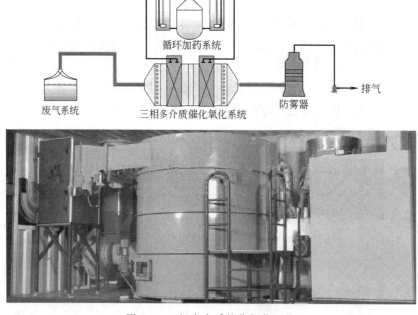

图7-8　三相多介质催化氧化工艺

十二、低温等离子体技术

低温等离子体技术的原理是：在介质阻挡放电过程中，等离子体内部会产生富含极高化学活性的粒子，如电子、离子、自由基和激发态分子等。废气中的污染物质如与这些具有较高能量的活性基团发生反应，可转化为 CO_2 和 H_2O 等物质，从而达到净化废气的目的。该方法适用范围广，净化效率高，尤其适用于其他方法难以处理的多组分恶臭气体。优点：电子能量高，几乎可以和所有的恶臭气体分气箱、脉冲布袋除尘器等相媲美。缺点：无论哪一种等离子都是以高压放电为主，可能会产生放电打火，所以不建议在医药化工行业运用。

图 7-9 是低温等离子体除臭设备的示意图及实物。当外加电压达到气体的放电电压时，气体被击穿，产生包括电子、各种离子、原子和自由基在内的混合体。放电过程中虽然电子温度很高，但重粒子温度很低，整个体系呈现低温状态，所以称为低温等离子体。利用这些高能电子、自由基等活性粒子和废气中的污染物作用，使污染物分子在极短的时间内发生分解，并发生后续的各种反应以达到降解污染物的目的。

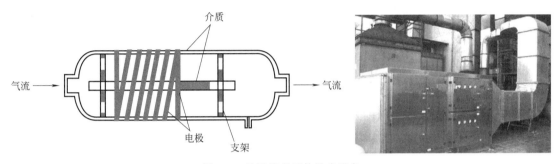

图 7-9　低温等离子体除臭设备

参考文献

［1］ 谢隆昌.关于制药厂净化空调系统问题的探讨.化学工程与装备.2012（5）：103～104.

［2］ 国家标准局.工业管道的基本识别色、识别符号和安全标识.GB 7231—2003.

［3］ 《药品生产质量管理规范（2010 年修订）》2010 年 10 月 19 日经卫生部部务会议审议通过并发布，2011 年 3 月 1 日起施行.

［4］ 江晶.污水处理技术与设备.北京：冶金工业出版社.2014.

［5］ 张功臣.制药用水系统.第 2 版.北京：化学工业出版社，2016.

［6］ 马爱霞.药品 GMP 车间实训教程.北京：中国医药科技出版社，2016.

［7］ 张衍.制药生产设备应用与车间设计.第 2 版.北京：化学工业出版社，2008.

［8］ 周丽莉.制药设备与车间设计.北京：中国医药科技出版社，2011.

［9］ 凌沛学.制药设备.北京：中国轻工业出版社，2007.

［10］ 胡晓东.制药废水处理主要设备.北京：化学工业出版社，2008.